国家陆地生态系统定位观测研究站研究成果

中国陆地生态系统质量定位观测研究报告 2020

草原—东北地区

国家林业和草原局科学技术司 ◎ 编著

中国林业出版社
China Forestry Publishing House

图书在版编目（CIP）数据

中国陆地生态系统质量定位观测研究报告. 2020. 草原—东北地区/国家林业和草原局科学技术司编著 . —北京：中国林业出版社，2021. 11
（国家陆地生态系统定位观测研究站研究成果）
ISBN 978-7-5219-1052-0

Ⅰ. ①中… Ⅱ. ①国… Ⅲ. ①陆地–生态系–观测–研究报告–中国–2020 ②草原生态系统–观测–研究报告–东北地区–2020 Ⅳ. ①Q147

中国版本图书馆 CIP 数据核字（2021）第 222479 号

审图号：GS（2021）8871

责任编辑：王　越

出版	中国林业出版社（100009　北京西城区刘海胡同 7 号）
	网址　http://www.forestry.gov.cn/lycb.html　电话　010-83143542
发行	中国林业出版社
印刷	北京博海升彩色印刷有限公司
版次	2021 年 11 月第 1 版
印次	2021 年 11 月第 1 次印刷
开本	889mm×1194mm　1/16
印张	6. 25
字数	104 千字
定价	68. 00 元

编委会

主　任　彭有冬

副主任　郝育军

编　委　厉建祝　刘韶辉　刘世荣　储富祥　费本华
　　　　宋红竹

———— 编写组 ————

主　编　辛晓平　庾　强

编　者　贾志清　顾　倩　丁　蕾　刘欣超　秦　琪
　　　　柯玉广　孙　伟　陈积山　邵长亮　徐大伟
　　　　闫瑞瑞　赵志龙　古　琛　王德利　何兴元
　　　　王宗明　郑海峰　杨　恬　陶冬雪　沈　洁

编写说明

习近平总书记强调："绿水青山既是自然财富、生态财富，又是社会财富、经济财富。"那么，我国"绿水青山"的主体——陆地生态系统的状况怎么样、质量如何？需要我们用科学的方法，获取翔实的数据，进行认真地分析，才能对"绿水青山"这个自然财富、生态财富，作出准确、量化地评价。这就凸显出陆地生态系统野外观测站建设的重要性、必要性，凸显出生态站建设、管理、能力提升在我国生态文明建设中的基础地位、支撑作用。

党的十八大以来，党中央、国务院高度重视生态文明建设，把生态文明建设纳入"五位一体"总体布局，并将建设生态文明写入党章，作出了一系列重大决策部署。中共中央、国务院《关于加快推进生态文明建设的意见》明确要求，加强统计监测，加快推进对森林、湿地、沙化土地等的统计监测核算能力建设，健全覆盖所有资源环境要素的监测网络体系。

长期以来，我国各级林草主管部门始终高度重视陆地生态系统监测能力建设。20 世纪 50 年代末，我国陆地生态系统野外监测站建设开始起步；1998 年，国家林业局正式组建国家陆地生态系统定位观测研究站（以下简称"生态站"）；党的十八大以后，国家林业局（现为国家林业和草原局）持续加快生态站建设步伐，不断优化完善布局，目前已形成拥有 202 个（截至 2019 年年底）站点的大型定位观测研究网络，涵盖森林、草原、湿地、荒漠、城市、竹林六大类型，基本覆盖陆地生态系统主要类型和我国重点生态区域，成为我国林草科技创新体系的重要组成部分和基础支撑平台，在生态环境保护、生态服务功能评估、应对气候变化、国际履约等国家战略需求方面提供了重要科技支撑。

经过多年建设与发展，我国生态站布局日趋完善，监测能力持续提升，积累了大量长期定位观测数据。为准确评价我国陆地生态系统质量，推动林草事业高质量发展和现代化建设，我们以生态站长期定位观测数据为基础，结合有关数据，首次组织编写了国家陆地生态系统定位观测研究站系列研究报告。

本系列研究报告对我国陆地生态系统质量进行了综合分析研究，系统阐述了我国陆地生态系统定位观测研究概况、生态系统状况变化以及政策建议等。研究报告共分总论、森林、草原—东北地区、湿地、荒漠、城市生态空间、竹林—闽北地区 7 个分报告。

由于编纂时间仓促，不足之处，敬请各位专家、同行及广大读者批评指正。

丛书编委会
2021 年 8 月

序　一

　　陆地生态系统是地质环境与人类社会经济相互作用最直接、最显著的地球表层部分，通过其生境、物种、生物学状态、性质和生态过程所产生的物质及其所维持的良好生活环境为人类提供服务。我国幅员辽阔，陆地生态系统类型丰富，在保护生态安全，为人类提供生态系统服务方面发挥着不可替代的作用。但是，由于气候变化、土地利用变化、城市化等重要环境变化影响和改变着各类生态系统的结构与功能，进而影响到优良生态系统服务的供给和优质生态产品的价值实现。

　　1957年，我赴苏联科学院森林研究所学习植物学理论与研究方法，当时把学习重点放在森林生态长期定位研究方法上，这对认识森林结构和功能的变化是一种必要的手段。森林是生物产量(木材和非木材产品)的生产者，只有阐明了它们的物质循环、能量转化过程及系统运行机制，以及森林生物之间、森林生物与环境之间的相互作用，才能使人们认识它们的重要性，使森林更好地造福人类的生存和生活环境。当时，这种定位站叫"森林生物地理群落定位研究站"，现在全世界都叫"森林生态系统定位研究站"。我在研究进修后就认定了建设定位站这一特殊措施，是十分必要的。1959年回国后，我即根据研究需要，于1960年春与四川省林业科学研究所在川西米亚罗的亚高山针叶林区建立了我国林业系统第一个森林定位站，开展了多学科综合性定位研究。

在各级林草主管部门和几代林草科技工作者的共同努力下,国家林业和草原局建设的中国陆地生态系统定位观测研究站网(CTERN)已成为我国林草科技创新体系的重要组成部分和基础支撑平台,在支持生态学基础研究和国家重大生态工程建设方面发挥了重要作用,解决了一批国家急需的生态建设、环境保护、可持续发展等方面的关键生态学问题,推动了我国生态与资源环境科学的融合发展。

国家林业和草原局科学技术司组织了一批年富力强的中青年专家,基于 CTERN 的长期定位观测数据,结合国家有关部门的专项调查和统计数据以及国内外的遥感和地理空间信息数据,开展了森林、湿地、荒漠、草原、城市、竹林六大类生态系统质量的综合评估研究,完成了《中国陆地生态系统质量定位观测研究报告(2020)》。

该系列研究报告介绍了生态站的基本情况和未来发展方向,初步总结了生态站在陆地生态系统方面的研究成果,阐述了中国陆地生态系统质量状态及生态服务功能变化,为准确掌握我国陆地生态状况和环境变化提供了重要数据支撑。由于我一直致力于生态站长期定位观测研究工作,非常高兴能看到生态站网首次出版系列研究报告,虽然该系列研究报告还有不足之处,我相信,通过广大林草科研人员持续不断地共同努力,生态站长期定位观测研究在回答人与自然如何和谐共生这个重要命题中将会发挥更大的作用。

中国科学院院士

2021 年 8 月

序 二

党的十九届五中全会通过的《中共中央关于制定国民经济和社会发展第十四个五年规划和二〇三五年远景目标的建议》提出了提升生态系统质量和稳定性的任务，对于促进人与自然和谐共生、建设美丽中国具有重大意义。建立覆盖全国和不同生态系统类型的观测研究站和生态系统观测研究网络，开展生态系统长期定位观测研究，积累长期连续的生态系统观测数据，是科学而客观评估生态系统质量变化及生态保护成效，提高生态系统稳定性的重要科技支撑手段。

林业生态定位研究始于 20 世纪 60 年代，1978 年，林业主管部门首次组织编制了《全国森林生态站发展规划草案》，在我国林业生态工程区、荒漠化地区等典型区域陆续建立了多个生态站。1992年，林业部组织修订《规划草案》，成立了生态站工作专家组，提出了建设涵盖全国陆地的生态站联网观测构想。2003 年，正式成立"中国森林生态系统定位研究网络"。2008 年，国家林业局发布了《国家陆地生态系统定位观测研究网络中长期发展规划(2008—2020年)》，布局建立了森林、湿地、荒漠、城市、竹林生态站网络。2019 年又布局建立了草原生态站网络。经过 60 年的发展历程，我国生态站网建设方面取得了显著成效。到目前为止，国家林业和草原局生态站网已成为我国行业部门中最具有特色、站点数量最多、覆盖陆地生态区域最广的生态站网络体系，为服务国家战略决策、提

1

升林草科学研究水平、监测林草重大生态工程效益、培养林草科研人才提供了重要支撑。

《中国陆地生态系统质量定位观测研究报告(2020)》是首次利用国家林业和草原局生态站网观测数据发布的系列研究报告。研究报告以生态站网长期定位观测数据为基础,从森林、草原、湿地、荒漠、城市、竹林6个方面对我国陆地生态系统质量的若干方面进行了分析研究,阐述了中国陆地生态系统质量状态及生态服务功能变化,为准确掌握我国陆地生态系统状况和环境变化提供了重要数据支撑,同时该报告也是基于生态站长期观测数据,开展联网综合研究应用的一次重要尝试,具有十分重要的意义。

党的十八大以来,以习近平同志为核心的党中央把生态文明建设纳入"五位一体"国家发展总体布局,作为关系中华民族永续发展的根本大计,提出了一系列新理念新思想新战略,林草事业进入了林业、草原、国家公园融合发展的新阶段。在新的历史时期,推动林草事业高质量发展,不但要增"量",更要提"质"。生态站网通过长期定位观测研究,既能回答"量"有多少,也能回答"质"是如何变化。期待国家林业和草原局能够持续建设发展生态站网,不断提升生态站网的综合观测和研究能力,持续发布系列观测研究报告,为新时期我国生态文明建设做好优质服务。

中国科学院院士　于贵瑞

2021 年 8 月

前　言

　　草原生态系统是我国重要的陆地生态系统之一，是主要江河的发源地和水源涵养区，是野生动植物资源的天然基因库，是维护国家生态安全的重要屏障，在生态文明建设中具有不可替代的重要作用。近年来，随着经济社会发展，草原人类活动不断增多，生物灾害频发，加之全球气候变化等因素，草原生态质量严重下降。为获得草原生态系统变化一手数据、摸清草原退化机理和恢复机制，2019年国家林业和草原局开始布局建立草原生态系统定位观测研究站，并纳入了5个草原类国家野外科学观测研究站，目前已批复建立了10个草原生态站。

　　由于草原生态系统定位观测研究网络建设起步较晚，本报告选择台站分布较为集中、数据基础较好的东北及内蒙古东部地区作为评估对象。东北地区(东北三省及内蒙古自治区东部四盟市)是我国草原生态系统水热条件最为优越的区域，也是欧亚大陆温带草原中生产力最高、生物多样性最丰富的区域，在我国草原畜牧业发展和生态区位上都具有重要的地位。本报告基于大尺度草原植被调查和多平台多元遥感数据，结合典型草原生态系统长期地面观测，分析了近20~30年来东北地区气候变化、水文变化；基于东北地区草原面积分布、草原植被生长和生物量动态变化，评估了草原生态质量、利用及退化状况，以及气候变化和人类活动对草原生态系统功能的影响；面向生态文明建设和绿色发展需求，提出了东北地区草原生态修复和可持续发展的对策建议。

本报告主要依托于草原生态系统定位观测研究站数据，同时得到国家重点研发项目"生态脆弱区生态系统功能和过程对全球变化的响应机理（2017YFA0604802）"、国家自然科学基金面上项目"基于全生命周期分析的多尺度草甸草原经营景观碳收支研究（41771205）"以及财政部和农业农村部"国家现代农业产业技术体系（CARS-34）"的资助。

本书编写组
2021 年 8 月

目　录

第一章 中国草原生态系统定位观测研究概况

第一节 我国草原生态系统定位观测研究

草原是我国面积最大的陆地生态系统。草原生态系统定位观测研究网络是前瞻性、基础性的科技创新平台，是国家陆地生态系统定位观测研究站网（CTERN）和国家科技创新体系的重要组成部分，是促进生态文明建设的重要科技支撑平台。《"十三五"国家科技创新基地与条件保障能力建设专项规划》明确提出要加强国家野外科学观测研究站建设布局、完善运行管理机制。为更好地推进国家陆地生态系统定位观测研究站网（CTERN）的建设发展，国家林业和草原局于2019年开展了草原生态系统定位观测研究站的布局工作，目前已批准建立10个国家级草原生态系统定位观测研究站。

一、我国的草原生态系统概况

草原是最为广布、面积最大的陆地生态系统类型，不仅为世界20%的人口提供食物，也是特殊的生物资源宝库和陆地碳库，对人类环境和文明发展具有极其重大且不可替代的作用。我国天然草原面积近60亿亩，居世界第一，占国土面积的41.7%，是主要江河的发源地和水源涵养区，野生动植物资源的天然基因库，是维护国家生态安全的重要屏障，在生态文明建设中具有不可替代的重要作用。此外，草原还是我国重要的畜牧生产基地，提供了全国1/3的牛羊肉和1/4的奶类产品，为我国畜牧产品安全提供了重要保障。

但是，长期以来，随着经济社会发展，草原上人类活动不断增多，非法开垦草原、过度放牧、乱采滥挖等行为屡禁不止，生物灾害频发多发，加之全球气候变化等因素作用，草原发生了大范围退化、沙化、盐渍化，草原生态质量严重下降，对区域经济社会发展和生态安全构成严重威胁。进入 21 世纪以来，国家陆续实施了退牧还草、草原生态保护补助奖励政策等重大草原生态保护建设工程与政策，草原保护力度不断加大，草原生态得到了休养生息，草原生态质量有所改善，持续退化势头得到初步遏制。但总体来看，我国草原生态形势依然严峻，局部地区草原仍处于退化趋势，草原生态系统整体仍较脆弱，草原牧区生产方式仍较粗放，草原生态承载压力仍然较大。草原生态保护修复处在爬坡过坎、不进则退的关键阶段。

（一）草原生态系统长期观测研究

生态科学、地球科学的发展及其相关自然现象和规律的认知，在很大程度上依赖于系统、连续和可靠的基础数据。陆地生态系统定位观测台站是获取第一手定位观测数据的主要基地，是揭示自然现象和推动学科发展的重要平台，是各国提升生态系统研究和创新能力的必然选择。英国于 1843 年建设洛桑实验站，开创了野外站的历史，为揭示作物生长规律、发展现代农业作出了巨大贡献；美国于 1980 年开始部署长期生态研究计划，引领了长期生态学的发展方向，促进了美国长期生态研究网络（LTER）、关键地带观测网络（CZO）、英国环境变化研究网络（ECN）、德国的陆地生态系统研究网络（TERN）、中国生态系统研究网络（CERN）、加拿大生态监测与分析网络（EMAN）等不同国家（地区）的陆地生态系统观测研究网络的发展。随着气候变化等全球性重大问题的出现，不同国家和国际组织启动和开展了国家和地区层面的重大野外观测实验研究计划，形成了许多全球尺度的野外观测体系。其中，包括全球综合观测协作体（IGOS）中的全球陆地观测系统（GTOS）、全球海洋观测系统（GOOS）、全球气候观测系统（GCOS）、世界气象组织全球大气观测网（WMO/GAW）、全球大气监测网（WMO/GAW）、全球冰冻圈监测网（GCW）、国际长期生态学研究网络（ILTER）、国际通量网（FLUXNET）、IUGG 全球地球动力学计划（GGP）、全球环境监测系统（GEMS）等重大国际科学计划。这些观测研究计划将多学科交叉、多站点联网、天-地-空一体化协同观测作为构建野外观测实验体系的主要思路，均是以实现高频率、全覆盖长期连续观测以及数据资源共享作为建设目标。

　　国际长期生态研究网络(ILTER)及美国、欧洲、俄罗斯的生态系统长期观测网络都将草原生态系统作为主要观测类型，美国克罗拉多草原、俄罗斯卡门草原、北哈萨克斯坦中亚草原、英国洛桑草原的监测工作都有上百年历史。自新中国成立以来，根据学科发展、国民经济建设的需求和社会发展的需要，中国科学院、农业部(现农业农村部)、林业部(现国家林业和草原局)、国土资源部(现自然资源部)、教育部等部门乃至地方政府都根据各自实际工作需要建立了一批陆地生态系统野外观测和试验研究站。据初步统计，全国陆地生态系统野外观测台站700余个，涉及的研究领域和学科涵盖了农业、林业、牧业、渔业等行业，覆盖农田、森林、草原、湿地、荒漠等多种生态系统类型。其中，涉及草原生态系统观测的野外台站70余个，主要由自然资源部、中国科学院、农业农村部、教育部、国家林业和草原局及其他省属科研教学单位承建。这些野外定位观测站多数坚持连续观测，部分台站具有40～50年的连续观测记录，已成为我国草地科学研究必不可少的重要平台，在科学研究和国民经济发展、生态保护、防灾减灾中发挥了重要作用。

　　1999年，国家林业局开始国家野外站建设试点工作，2006年、2020年，分两批遴选了53个、27个生态系统领域国家级野外站，其中涉及草原生态系统的野外站共9个。国家生态系统观测研究网络(CNERN)在国家层次上整合了全国跨部门、跨行业和跨地域的平台资源，实现了全国观测基地、设备、数据和智力资源的联网观测和研究。部分野外试验站参加了不同的国际观测网络，针对我国周边区域和全球的资源环境动态、地球物理和气候变化开展了联网研究和科学交流。经过长期建设，生态系统野外观测已成为国家科技创新体系的重要组成部分。森林、草原、湿地、荒漠等类型的野外站，通过观测研究，为国家天然林保护、退耕还林还草还湿、三北防护林工程、塔克拉玛干沙漠公路、青藏铁路等国家重大工程设计建设提供了重要的科技支撑。基于野外台站开展的跨区域跨学科的联网观测和联网试验，引领了我国和亚洲地区生态系统观测研究网络的发展，为学科发展和国家经济社会发展作出了重大贡献。

　　我国不同领域野外科学观测研究已经取得了较大进步，现有的野外定位观测站基本覆盖了我国主要的生态类型和地理区域。但与农田、森林、湿地和荒漠生态系统相比，草原生态系统定位观测在系统性、长期性和联网性方面仍有很大差距，台站数量少、布局不合理，建设管理水平参差不齐，没有覆盖主要草原类型，与国际先进水平相比更是不能同日而语，远远不能适应生态文明建设和国家科技创新的需要。首先，草原生态系统野外观测台站数量少，典型草原类型野外台站缺失，差距较大。我国目前除纳入国家站体系台站以及教育部建立的少数台站外，大部分已建台站学科单一、学术影响力低。许多草原野外站因工作生活条件艰苦、人员待遇低，无法吸引和稳定优秀科研和技术人才，导致难以开展长期连续的观测、实验和研究，整体研究水平不但低于国际同类台站，与国内农田、森林生态系统台站比较也有较大差距，需要在现有国家站的基础上补齐短板，进行系统化建设。其次，我国草原生态系统野外台站主要由中国科学院、农业农村部、教育部及地方草原管理部门分散建设，缺少统一管理，不能形成体系，层次不突出；总体布局尚不能满足国家草原科技创新的需求，有些区域和学科领域分布较密，重复建设现象严重；相反地，有些重要学科领域和重要区域的台站分布过于稀疏，甚至空白。另外，各部门对草原野外台站的重视程度差异较大，基础条件存在较大差距。最后，我国草原生态系统野外站缺乏统一管理，资源共享水平低。草原野外观测数据多数封锁在各自的主管部门，缺乏国家层面的观测标准与规范，绝大多数台站任务单一，综合性不够，观测指标不统一，数据不规范；草原观测站大部分数字化和智能化水平低，观测资源和数据资料共享服务面窄、共享水平低，不能有效地整合利用，从更大空间尺度和更长时间序列上分析和揭示草原生态系统的长期规律，从而没有充分发挥长期观测在草原生态保护建设和科技进步中的应有作用。

　　未来国际科技竞争日趋激烈，对陆地生态系统定位观测的要求越来越高，既需要在空间布局上能够满足科学和社会发展需求，更需要提升解决更综合、更宏观问题的能力。我国在国土生态安全、退化生态系统恢复、气候变化应对等方面面临前所未有的巨大挑战，对陆地生态系统的长序列观测数据、科学规律和实用技术支撑的要求日益迫切，亟须进一步在现有陆地生态系统定位观测网络的基础上，补充和完善草原生态系统定位观测站布局，增加稳定性经费支持，增强草原生态系统观测与实验能力，满足国家生态文明战略、建设美丽中国的客观需要。

（二）国家草原生态系统定位观测研究网络建设

党的十八大以来，党中央、国务院高度重视草原工作，习近平总书记提出了"坚持山水林田湖草是一个生命共同体""统筹山水林田湖草沙系统治理"等重要论述，作为我国陆地生态系统的重要组成部分，健全草原生态系统定位观测网络体系，优化草原观测站布局，不断完善管理体制机制，加强研究能力和成果转化，是加强草原科技创新，提升科技支撑能力，加快推进草原保护修复的必然选择。2018 年国务院机构改革组建了国家林业和草原局，充分体现了以习近平同志为核心的党中央对森林、草原保护管理工作的高度重视。特别是在国家行政机构的名称中首次出现"草原"，凸显了党中央对强化草原工作的坚定决心。

草原生态系统定位观测是获得草原变化一手数据、摸清草原退化机理和恢复机制、补齐草原工作短板的重要手段。党中央、国务院高度重视，农业部、科技部、国家林业和草原局和中国科学院做了大量工作，但与各个行业领域相比，草原生态系统定位观测网络体系建设和发展相对滞后，经费投入不足、基础设施落后、人才队伍薄弱、科技成果零散等问题比较突出，难以为草原生态保护工作提供强有力的科技支撑，在当前生态文明建设进程中处于短板位置。"十四五"时期将是推进我国草原生态文明建设和高质量发展的关键期，加强草原生态系统监测能力，特别是充分利用我国近年来在对地观测及物联网技术等学科领域取得的技术飞跃，构建国家草原生态系统定位观测研究网络，提升对草原生态屏障建设的科技支撑，是落实好习近平总书记提出的"坚持山水林田湖草是一个生命共同体"的理念和"统筹山水林田湖草沙系统治理"的要求，也是新时代解决草原生态问题的当务之急。

2019 年，国家林业和草原局依据我国草原生态研究的现状和存在的问题，遵循科技发展总体规划和自然环境分异规律，考虑到新时代生态文明建设的总体需求，考虑到草原牧区社会经济发展的需求，考虑到未来全球变化对我国国土生态安全的潜在影响，考虑到国际草原生态学科发展前沿，前瞻性、系统性地设计国家草原生态系统定位观测站布局方案；面向国家重点需求和行业生产，在已有的部门（地方）草原野外台站的基础上进行遴选纳入网络，初步构建草原科学野外观测研究站体系，为草原和草业科学研究提供先进可靠的野外基地，为国家草原管理部门提供基础数据，为国家生态安全、资源安全、食物安全等重大战略需求提供科技支撑，为国家宏观战略决策提供依据。

国家草原生态系统定位观测研究网络建设的基本原则：第一，遵循国家科技创新需求和国土生态安全需求，面向草原科技发展和草业行业发展需求，紧密结合草原类型分布、生态地理条件、社会经济分区，结合现有草原野外站建设和布局情况，统筹规划、优化布局，形成覆盖全国、类型完整、重点突出的草原生态系统定位观测网络体系。第二，遵循"有所为、有所不为"的方针，考虑不同类型野外站的现有基础条件，采取重组、合并、添加、改善和创建相结合的方法，统筹协调，重点突破，分层次、分阶段建立草原生态系统定位观测站体系。第三，建立层次分明、分工明确、相互协作的草原生态系统定位观测站体系，调动各部门、各地区的积极性，共同投入建设，促进部门及地方草原生态系统定位观测站的发展，形成由国家林业和草原局主导、各部门及地方科研机构共同组成的草原生态系统定位观测站体系，推动新的组织体系、管理体制、运行机制的建设，使整个体系成为结构合理、层次分明、互为补充、协同合作的工作网络。第四，遵循国家陆地生态系统定位观测站观测研究、揭示规律、技术支撑、示范服务的总体定位，持续开展长期定位观测及科学技术研究。建立开放、流动、竞争、联合的运行机制，制定科学、客观、公平，有利于创新的评价体系和奖惩机制，做到动态调整、有进有出、良性循环。

基于上述背景和原则，2018—2020年，国家林业和草原局开展了《草原生态系统野外站实施方案（2019—2020）》《国家陆地生态系统定位观测研究网络中长期发展规划（2021—2030年）》编制工作，对草原生态系统定位观测研究网络进行了顶层设计和优化布局。首先，依据黄秉维"中国综合自然区划"、任继周"草原生态经济分区"，结合20世纪80年代草原普查公布的草原类型，划分出8个草原生态经济单元66个地带性草原类型与重点区域，地理区域跨度较大或者地形变化较为复杂的区域适当加密监测站点；在此基础上，围绕国家重大战略聚焦重点区域优先布局，包括"一带一路"沿线特别是黄土高原、青藏高原、西北干旱区及云贵高原，草原生态问题最严重的重点牧区，以及国家公园体制试点区等；最后结合国家草原生态保护补助奖励政策、京津风沙源治理、已垦草原治理、西南岩溶石漠化治理、三江源治理等国家政策和重大生态工程的宏观需求，兼顾工程效益评估的需要，统筹考虑、科学布局。

2019 年、2020 年，国家林业和草原局分别组织了 2 个批次的草原生态系统定位观测研究站的申报和布局。这两批草原生态定位站在顶层设计的原则下，优先纳入了一批生态系统及区域代表性强、基础条件好、具有长期观测基础的台站，具体见表 1-1。

表 1-1　国家草原生态系统定位观测研究网络"十三五"批准台站

序号	生态站名称	归口管理单位
1	云南香格里拉草原生态系统国家定位观测研究站	中国林业科学研究院
2	宁夏农牧交错带温性草原生态系统国家定位观测研究站	宁夏回族自治区林业和草原局
3	吉林大安草原生态系统国家定位观测研究站	吉林省林业和草原局
4	辽宁西北部草原生态系统国家定位观测研究站	辽宁省林业和草原局
5	内蒙古锡林郭勒草原生态系统定位观测研究站	中国科学院
6	内蒙古鄂尔多斯草原生态系统定位观测研究站	中国科学院
7	青海高寒草原生态系统定位观测研究站	中国科学院
8	内蒙古呼伦贝尔草甸草原生态系统定位观测研究站	中国农业科学院
9	河北坝上农牧交错区草原生态系统定位观测研究站	河北省林业和草原局
10	山西右玉黄土高原草原生态系统定位观测研究站	山西省林业和草原局

各台站结合现有生态站功能定位和长期观测研究任务，加强标准化观测样地、观测设备等基础条件建设；推进物联网系统建设，提升野外站自动监测、实时传输等信息化水平，提升野外站专项联网观测能力和理化实验分析能力，为解决草业科学问题和国家需求提供数据支撑。草原生态站观测设施、设备主要建设内容见表 1-2。

表 1-2　国家草原生态系统定位观测研究站观测设施与设备建设

主要建设项目	主要建设内容
野外综合实验楼	基地拥有框架或砖混结构综合实验室，划分为功能用房和辅助用房，功能用房包括办公室、实验室、会议室、档案室、仪器标本室、展览室、机房等；辅助用房包括宿舍、厨房餐厅等
水文观测设施	地表径流、地下水位：通过水文观测井安装自动水位计观测。参照中华人民共和国水利行业标准《水文基础设施建设及技术装备标准》（SL 276—2002）
土壤观测设施	选择具有代表性和典型性地段设置土壤剖面，开展 0～100 厘米土壤温度、湿度水分自动观测系统

（续）

主要建设项目	主要建设内容
气候观测设施	观测大小一般为 25 米×25 米，尽可能选址代表本站点较大范围气象要素特点的位置，避免局部和周围小环境的干扰。观测场四周一般设置 1.2 米高的稀疏围栏，场地平整，防雷措施必须符合气象行业规定的技术标准要求。参考中华人民共和国气象行业标准《地面气象观测规范第一部分：总则》(QX/T 45—2007)
生物观测设施	草原群落观测布设：标准样地、固定样地、样方的建立。固定标准样地不小于 10 公顷，样方面积为 1 米×1 米，高寒草甸为 0.5 米×0.5 米，灌草丛 4~16 平方米。草原长期固定标准地建设以常规固定标准地为主，地形条件允许的地方可以考虑大样地。参考《陆地生态系统定位观测研究站工程项目建设标准》
	草原生产力观测设施设置：草原地上生物量观测设施、草原地下生物量观测设施、草原采食量观测设施装置、草原地上最大生产力观测设施
	生物多样性研究设施设置：大型土壤动物的调查试验设置、线虫种类和数量的调查试验设置、草原昆虫类动物种类和数量的调查试验设置、植物种类和数量的调查试验设置
物候观测设施	物候观测场的建设以各站区草原物种种类及分布为建设数量依据，建设地点应选在环境条件(如地形、土壤、植被等)具有区域代表性的场所，没有特殊原因不应随意更换物候观测地点及固定的观测对象
数据管理配套设施	数据管理软硬件设施：数据远程采集、传输、接收设备及数据贮存、分析处理及数据共享软硬件；数据库处理软件；网络相关设备等
基础配套设施	生态站必需的短距离道路、管线建设、野外观测用交通工具等
仪器设备	包括水文要素观测、土壤要素观测、气象要素观测、生物要素观测、环境空气质量观测、数据存储与管理、实验室仪器、无人机等设备的购置

由于国家草原生态系统定位观测研究网络起步较晚，目前的台站布局和数据积累尚不能支撑全国尺度的草原生态系统评估。因此，选择台站分布较为集中、数据基础较好的东北及内蒙古东部地区作为此次评估对象。

第二节　东北地区生态地理背景

东北地区(东北三省及内蒙古自治区东部四盟市)的草原位于欧亚草原区最东端，沿大兴安岭东西两麓的平原及高平原分布，地跨内蒙古、黑龙江、吉林和辽宁四省(自治区)，主要包括呼伦贝尔草原、科尔沁草原、松嫩草甸。据 20 世纪 80 年代草原普查数据，该区域草原总面积约 36 万平方千米，占整个北方温带草原面积的 20%。作为草原丝绸之路的东段起点和重要节点，东北地区草原自古以来就是东北亚各国社会、经济、人文交流的重要通道，也是我国蒙古、回、满、朝鲜、达斡尔、俄罗斯、锡伯、鄂温克、鄂伦春等少数民族聚居区域，因此当地生态环境保护对于我国东北部边疆地区的社会稳定和东北亚区域的协同发展具有重要的意义(华倩，2015)。

东北地区草原位于我国东北地区及东北亚各国的上风、上水区域，是我国东北地区生态安全体系的重要组成部分，与大兴安岭森林相匹配共同构成了我国东北地区西侧的一道强大的生态防护带，大大减缓西北寒流与严酷气候的侵袭，同时也是额尔古纳河及嫩江水系的水源涵养区，是维护东北地区水文循环系统安全的一项保障。同时，东北地区草原作为我国北方重要的防风固沙带，是构建我国"两屏三带"生态安全战略格局的重点生态功能区(严以新等，2014)。东北地区每年粮食产量占全国总产量的20%，森林和草原共同构建的生态屏障，为东北粮食主产区提供了强大的水土资源防护，对我国食物安全至关重要。因此，东北地区草原生态系统服务功能的发挥关系着东北地区的整体生态安全和食物安全，在我国东北的地理格局中具有不可取代的生态功能(徐安凯，2009)。

东北地区突出的地貌特征是古老的山地构造与江河水系的作用所塑造的山地-盆地(平原)地貌格局。大兴安岭山脉、小兴安岭山脉、长白山脉和冀北-辽西山区环绕着东北地区分布，中间形成了松辽平原盆地(松嫩平原和辽河平原)；大兴安岭以西是内蒙古高原(呼伦贝尔高原和科尔沁高原)，小兴安岭以东形成了三江平原。这些大地貌单元中，天然草原、林地、湿地及农业土地类型等构成了东北地区的景观分布格局。气候背景方面，东北地区属于从东北亚温带向寒温带过渡的气候类型，空间上从东部三江平原地区的温带季风气候向西部蒙古高原大陆性气候渐变，热量分布由南部辽东地区的暖温性气候经过广阔的中温性气候区向大兴安岭山地西北部的寒温带气候递变，干湿梯度是由东南部的湿润气候区经中部的半湿润地区进入西部的半干旱地区。东北地区在几大山地分割下形成了不同的水系流域。北部的黑龙江流域包括额尔古纳河、嫩江、松花江、牡丹江和乌苏里江水系，是地表水资源富集的区域；图们江和鸭绿江等水系也为辽宁东部地区提供了丰富的水资源(崔景轩等，2019)。

东北地区的地貌、水文及生物气候因素，孕育了丰富的土壤类型和多样的土地资源，塑造了多样的草原类型和景观生态多样性。土壤类型以暗栗钙土、黑钙土、草甸土、黑土为主，土层深厚，土壤成土最典型特征是草甸化过程，土壤腐殖质远高于其他草原。在水资源充分的东部湿润地区，分布着山地森林、平原低地草甸和沼泽草原等景观类型；在中温-半湿润地区，形成了以地带性草甸草原和低地草甸为主的景观类型；在中温-干旱半干旱地区，形成了以草原及其沙质草原为主的地境。东北地区分布最广的草原类型是温性草甸草原和低地草甸。温性草甸草原是森林草原过渡带中的草原类型，以旱中生和中旱生植物为主的地带性植被类型，主要分为线叶菊草甸草原、贝加尔针茅草甸草原、羊草草甸草原、莎草-杂类草草甸草原。全国温性草甸草原总面积2.18亿亩，其总面积的75%分布在内蒙古东部和东北平原。低地草甸以多年生中生草本为主，低湿地草甸、低地盐化草甸、滩涂盐生草甸及低地沼泽化草甸属于非地带性植被，可出现在不同植被带内，全国低地草甸总面积3.78亿亩，50%以上分布在内蒙古东部和东北平原。

随气候、地貌及水文格局组合变化，东北地区草原可以概括划分为呼伦贝尔中温性草原区、科尔沁中温性沙地草原区、松辽平原中温性草原区等三个植被地带。呼伦贝尔中温性草原区位于大兴安岭西麓的呼伦贝尔高原，呼伦贝尔草原东部是森林区与草原区的交错地带，植被类型组合丰富，生产力高，既有优良天然草场和部分天然林，又有较大面积的农垦地，为农、牧、林业生产的综合经营提供了有利的资源与环境条件。呼伦贝尔草原的中西部是波状起伏的高平原，沉积物以厚度不等的沙层或沙砾层为主，沿海拉尔河南岸及其以南的地区还有沙地的断续分布。地带性植被以大针茅草原为主，广泛分布在排水良好的平原上，土壤多是轻壤或沙壤质的厚层暗栗钙土与栗钙土。在半干旱气候的典型草原栗钙土的土地上不能进行稳定的旱作农业。因此，在长期的历史上，呼伦贝尔草原中西部始终是以畜牧业为主的牧区。科尔沁中温性沙地草原区位于西辽河流域，西拉木伦河与老哈河汇入西辽河，流贯全区。河流以北是大兴安岭南段的山地和山前丘陵平原，成为森林草原和草原自然景观，其中有沿河分布的沙地景观。西拉木伦河与西辽河以南是东西连绵约500千米的科尔沁沙地主体部分，沙地东部（大青沟以东）属于半湿润地区，年均降水量达400毫米以上，沙丘上形成栎、槭、榆、刺榆等多树种及灌木的疏林草原，沙地中西部属于半干旱地区，年均降水量 300 毫米，分布着榆树疏林草原和灌丛草原，都是优质高产的天然牧场资源。松辽平原中温性草原区的原生景观是地带性草原、草甸草原与低地草甸、盐生草甸、沼泽草原交替分布的区域。湿润高产的温性草甸经过长期农业开发，现已成为国家级的农业基地，在广泛分布的农田之间，尚有零星分布的盐生草甸与湿草原；松嫩平原西部的山前地带和辽河流域的草原地带，目前仍保持一些天然草原，并进行着农业及畜牧业生产。近年来，由于气候变化和人类的过度放牧、盲目开垦、乱挖药材、无节制地开矿等活动的影响，东北地区草原面积逐年减少、植被退化严重，一些优良的野生植物资源几近枯竭（那佳等，2019）。据研究，2018 年东北地区草原退化面积达 1/3 以上，草原平均干草产量下降达 70% 以上，松嫩草原的地带性植被贝加尔针茅草原基本消失，昔日水草丰美的大草原已经被大面积的低产农田和盐碱化、沙化、退化草原取代。因此，迅速对该地区草原生态环境变化情况进行评估，摸清家底，对东北地区草原资源的保护和科学利用具有极其重要意义。

第三节　评估思路、方法和流程

我国草原生态环境脆弱，生态系统质量较低，生态安全形势依然严峻，生态保护与经济社会发展矛盾突出。建设生态文明是关系人民福祉、关乎民族未来的长远大计，党中央、国务院高度重视生态保护工作。党的十八大首次把生态文明建设提升至与经济、政治、文化、社会四大建设并列的高度，列为建设中国特色社会主义"五位一体"的总体布局之一，成为全面建成小康社会任务的重要组成部分。《中华人民共和国国民经济和社会发展第十三个五年规划纲要》（简称"十三五"规划）首次将"加强生态文明建设"写入五年规划，并提出"筑牢生态安全屏障，实施山水林田湖生态保护和修复工程，全面提升自然生态系统稳定性和生态服务功能"的生态理念。党的十九大报告明确指出"实施重要生态系统保护和修复重大工程，优化生态安全屏障体系，构建生态廊道和生物多样性保护网络，提升生态系统质量和稳定性，完成生态保护红线、永久基本农田、城镇开发边界三条控制线划定工作"。

东北地区是我国重要的农业、林业基地和著名的老工业基地，也是我国重要的生态安全屏障。2016 年 4 月，中共中央、国务院发布了《关于全面振兴东北地区等老工业基地的若干意见》，明确指出要打造北方生态屏障和山青水绿的宜居家园，牢固树立绿色发展理念，坚决摒弃损害甚至破坏生态环境的发展模式和做法。良好的生态环境是促进东北地区全面振兴的重要基础和物质保障，为加快实施党中央、国务院提出的全面振兴东北地区等老工业基地的战略目标，必须大力保护和改善东北地区生态环境。环境保护部和中国科学院 2015 年联合发布《全国生态功能区划》，在划定的 63 个全国重要生态功能区中，有 9 个位于东北地区；《中国生物多样性保护战略与行动计划（2011—2030 年）》确定的 32 个内陆陆地和水域生物多样性保护优先区域中，有 6 个位于东北地区。然而，数十年经济与社会的快速发展已经威胁着东北地区的生态安全，草原作为东北地区的主要生态屏障，其生态系统的现状、变化过程与变化态势尚不是十分清楚，亟待进行科学评估并提出相应的对策建议，可为区域生态安全和国家粮食安全提供重要的科学参考和决策支持。本报告以"构建基础数据集—确定评估指标和方法—完成生态变化评估报告—提出生态保护对策建议"为主线开展评估。

（一）东北地区草原生态评估基础数据集成

依托位于评估区具备长期观测工作基础的 3 个生态系统野外站（呼伦贝尔草原生态系统观测研究站、长岭碱化草甸生态系统观测研究站、绥化草甸生态系统观测研究站）长期定位观测数据集，包括水、土、气等环境因子和生物群落长期监测数据，并收集、处理和整合不同管理方式与利用方式下的生态系统长期定位试验与研究数据。

（1）基础地理信息数据：主要包括行政区划数据、河流水系数据、地形数据、草原类型数据等矢量和栅格数据。其中，河流水系来源于国家基础地理信息中心，比例尺为 1∶25 万；地形和草原类型数据主要来源于中国农业科学院资源区划所草原数据中心。行政区划数据包括辽宁、吉林、黑龙江三省及内蒙古自治区东部四盟市的省界、地区界、市（县）界等不同行政等级界线的矢量数据。地形数据为空间分辨率为 30 米和 90 米的数字高程模型（Digital Elevation Model，DEM）数据，来源于美国国家航空航天局（National Aeronautics and Space Administratio，NASA）和国家影像制图局（National Imagery and Mapping Agency，NIMA），通过国际科学数据服务平台（http：//datamirror. csdb. cn/dem/search1. jsp）下载获得。对 SRTM 数据进行校正和投影转换，获得东北地区的 DEM 和坡度空间数据。草原类型数据来源于南方草场资源调查科技办公室编制的全国 1：100 万草原类型图，通过裁切处理得到东北地区 20 世纪 80 年代的草原类型分布空间数据。

（2）气候水文数据：气候数据来源于中国区域地面气象要素驱动数据集（China Meteorological Forcing Dataset，CMFD），是专为研究陆地表面过程而开发的高时空分辨率网格化近地表气象数据集，包括东北地区 1979—2018 年逐月气温、降水空间分布。水文数据包括额尔古纳河、松花江、嫩江等流域主要河流 1960 年以来的年径流量，来自不同区域水文局及发表文献资料。

（3）多源遥感数据：长时间序列、不同时间和空间分辨率的遥感影像数据，包括 2013—2018 年获取覆盖评估区的 30 米分辨率 Landsat ETM+/OLI 数据和 Google Earth 高分辨率影像，2000—2019 年 500 米分辨率的 MODIS 等数据产品（数据来源于 USGS，下载地址 https：//earthexplorer. usgs. gov）。

（二）东北地区草原生态评估内容与方法

东北地区草原生态评估主要针对环境变化（气候和水文）、区域草原宏观生态状况、典型生态系统变化等三部分开展评估，并在总结草原生态状况总体变化的基础上，分析了气候变化和人类活动对草原生态状况的影响，提出了草原保护和生态修复的对策建议。

环境变化评估主要基于 CMFD 数据分析了 1979—2018 年期间年均温和年降水量变化态势。在分析逐年变化的同时，为去除年际波动的影响，我们分别用 1979—1988 年、1989—1998 年、1999—2008 年、2009—2018 年等 4 个时期的均值，代表 20 世纪 80 年代、90 年代以及 21 世纪初期、21 世纪 10 年代平均气候状况，评估了黑龙江、吉林、辽宁、呼伦贝尔、科尔沁等主要行政区不同年代间的气候变化。同时，针对呼伦贝尔、科尔沁和松嫩平原等重点草原区，利用长序列数据分析了气象和水文的长期动态和趋势。

区域草原宏观生态状况评估包括草原面积变化、草原生长状况、草原生物量和草原利用等四个方面。草原面积变化和草原利用变化评估基于

Landsat ETM+/ OLI 数据和环境背景数据集，结合人工目视解译和面向对象分类技术的辅助信息提取了 2017—2018 年东北地区草原分布状况、草原利用(打草场和放牧场分布)状况，并与 20 世纪 80 年代的草原类型分布进行了对比分析。草原生长状况利用 2000—2018 年盛草季节的归一化植被指数(NDVI)，进行了东北地区草原生长状况的时空变化分析评估。草原生物量利用 MODIS 数据产品及多个植被指数，结合 DEM 数据、气候数据，基于机器学习方法和地面调查数据构建了草原地上/地下生物量模型，评估了近 20 年的生物量变化特征。

典型草原生态系统变化评估选择呼伦贝尔草原、松嫩草甸等两个重点草原区，基于呼伦贝尔站、长岭站、兰西站 3 个草原生态站的长期观测数据，分析了围封、放牧和刈割等不同利用状况下草原生物量、群落结构和生物多样性的动态变化，进行了重点草原区主体生态功能变化评估。

最后，结合本研究的分享评估结果，以及东北地区相关学术论文、国家和地方行业部门发布的生态系统研究报告和工程报告，评估了东北地区草原生态状况总体变化，并利用多元分析方法解析了人类活动和气候变化对草原生态状况的相对贡献。总体思路和流程见图 1-1。

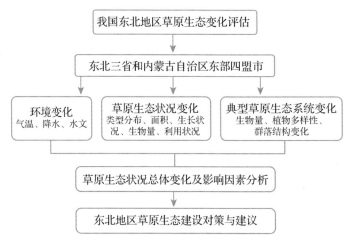

图 1-1　研究总体思路流程

第二章　环境变化评估

气候和水文是生态系统发育最关键、最基础的制约因素，也是草原退化、修复、重建及经营利用的重要条件。东北地区地处东北亚温带向寒温带过渡地带，从东到西由海洋性季风气候向西部蒙古高原大陆性气候渐变，是全球气候变化的敏感区域(崔景轩，2019)。近年来发表的相关论文表明，过去100年间东北地区的温度升高明显且降水普遍减少，干旱化趋势严峻(侯依玲等，2019)。温度的升高改善了东北的热量资源，部分自然生态系统和农业生产从中受益(初征等，2017)。但由于气候变化带来更多的不确定性，例如极端干旱、热浪和气象灾害，将会改变生态系统结构，增加草原退化沙化风险，降低主要作物的产量，改变农林牧业生产布局。因此，东北地区环境变化是草原生态变化的基础和诱因，环境变化评估是提出正确的适应和应对措施，促进区域草原生态保护建设的基础。基于中国区域地面气象要素驱动数据集，评估了1979—2018年年均气温和年降水量的变化态势。根据自然条件和政策措施差异，分别开展了对黑龙江、吉林、辽宁、呼伦贝尔、科尔沁等5个省份和不同行政区，以及呼伦贝尔、科尔沁和松嫩平原等3个重点草原区的环境变化评估。

第一节　不同区域气候变化特征

一、不同区域近40年气温变化

近40年年均气温变化采用十年均值及其变化、1979—2018年期间变化趋势两种方式表达。分别用1979—1988年、1989—1998年、1999—2008年、2009—2018年等4个时期的年平均气温均值，代表20世纪80年代、90年代以及21世纪初期、21世纪10年代的平均气温状况，在此基础

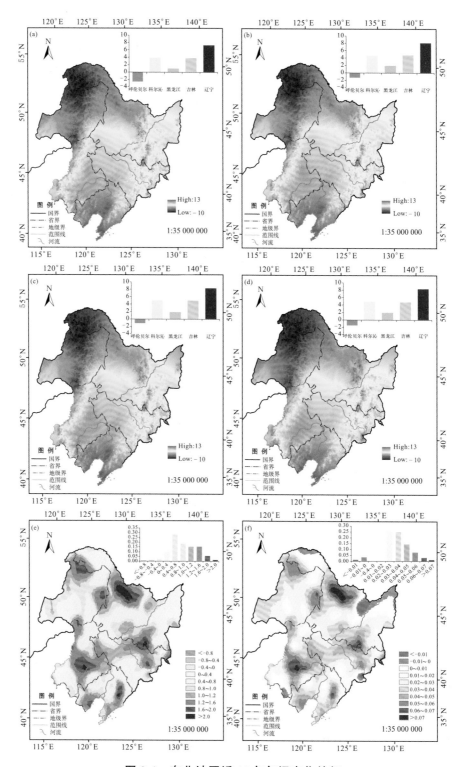

图 2-1　东北地区近 40 年气温变化特征

a，b，c，d 分别为 20 世纪 80 年代、90 年代以及 21 世纪初期、21 世纪 10 年代年均温度，
e 为 20 世纪 80 年代和 21 世纪 10 年代年均温度变化值，f 为 40 年间年均温变化趋势

上分析了东北地区 1979—2018 年年平均气温的变化态势。结果表明，东北地区四个时期年平均温度均表现出由南向北递减的空间特征，位于北部的呼伦贝尔地区和黑龙江省年均气温较低，其中呼伦贝尔地区的年均温度在-2℃左右(变化幅度从最南部 0℃到最北部的-10℃)，黑龙江省的年均温度在 2℃左右(变化幅度从东南部 4℃到北部-2℃)。位于东北地区中南部的吉林省、辽宁省和科尔沁地区年均气温较高，吉林省和科尔沁地区的年均温度在 5℃左右，其中吉林省境内年均温度表现为由东南向西北递增，科尔沁地区境内年均温度表现为由西向东递增。辽宁省由于地理位置在最南方，年均温度在 8℃左右，境内年均温度均在 0℃以上(图 2-1a～d)。此外，1979—2018 年，东北地区年平均气温呈现波动升高的趋势，升温幅度为 0.3℃/10 年。

东北地区 20 世纪 80 年代与 21 世纪 10 年代两个时期之间的年均温度变化分析表明，整个区域年均温度平均增加了 0.9℃，其中 1.2%的地区气温升高超过 2℃，包括黑龙江省北部和南部，呼伦贝尔地区北部、东部和南部，吉林省北部，科尔沁地区中部和辽宁省中东部；另有 95.3%的地区 21 世纪 10 年代年均气温比 20 世纪 80 年代有所升高，年均温度增加幅度在 0～2℃之间；剩余地区 21 世纪 10 年代年均气温比 20 世纪 80 年代降低：占区域面积 2.3%的地区降温幅度在-0.4～0℃之间，而占区域面积 1.2%的地区降温幅度在-0.4℃以下；这些降温地区零星散布在大兴安岭和三江平原北部、科尔沁地区南部等位置(图 2-1e)。

此外，利用东北地区 1979—2018 年期间年均温度的变化斜率，分析了近 40 年的年均气温变化趋势。结果表明，年均气温变化趋势与始末两个时期年均温度变化在空间上高度一致，整个区域平均斜率是区域增温的指标，温度升高最快的地区(温度变化斜率大于 0.07℃)同时也是年均温度升高幅度最大的地区，占全区面积的 1.0%；其他升温地区(温度变化斜率在 0～0.07℃之间)占全区面积的 94.7%；剩余 4.3%的地区气温变化趋势呈现负值，并且温度降低最快的地区(温度变化斜率小于-0.01℃)也是年均温度降低幅度最大的地区，占全区面积的 1.1%(图 2-1f)。

二、不同区域近 40 年降水变化

近 40 年年均降水变化采用十年均值及其变化、1979—2018 年期间变化趋势两种方式表达。分别用 1979—1988 年、1989—1998 年、1999—2008 年、2009—2018 年等 4 个时期的年均降水均值，代表 20 世纪 80 年代、90 年代以及 21 世纪初期、21 世纪 10 年代的平均降水状况，在此基础上分析了东北地区 1979—2018 年年降水量的变化态势。结果表明，东北地区四个时期年均降水量均大体表现出由东向西递减的空间特征，位于西南部的科尔沁地区和位于西北部的呼伦贝尔地区年均降水量较低，其中科尔沁地区的年均降水量在 410 毫米左右(变化幅度从北部的 500 毫米到南部的 370 毫米)，呼伦贝尔地区的年均降水量在 440 毫米左右(变化幅度从东部的 520 毫米到西部的 360 毫米)。位于北部的黑龙江省年均降水量居中，在 560 毫米左右(变化幅度从东北部的 670 毫米到西南部的 460 毫米)。位于中南部的吉林省和东南部的辽宁省年均降水量较高，吉林省的年均降水量在 610 毫米左右，吉林省的年均降水量在 680 毫米左右，两省境内均表现为由东向西递减(图 2-2a~d)。此外，1979—2018 年，东北地区年均降水量呈现波动升高的趋势，增水幅度为 12.6 毫米/10 年。

东北地区 20 世纪 80 年代与 21 世纪 10 年代两个时期之间的年均降水变化分析表明，整个区域年均降水增加了 47 毫米，来自西北太平洋的偏强东南水汽输送或是该时期降水增多的原因。其中，19.2% 的地区降水量增加超过 100 毫米，包括黑龙江省北部和东南部、呼伦贝尔地区北部、吉林省东北部和中东部；另有 63.2% 的地区 21 世纪 10 年代年均降水比 20 世纪 80 年代也有所升高，年均降水增加幅度在 0~100 毫米；其他 17.6% 区域年均降水降低，主要包括科尔沁地区西南部、黑龙江省中南部、辽宁省南部等位置，平均降低幅度在 20~40 毫米(图 2-2e)。

此外，我们利用东北地区 1979—2008 年期间年均降水的变化斜率，分析了近 40 年的年均降水变化趋势。结果表明，年均降水变化趋势与始末两个时期年均降水变化在空间上一致，整个区域平均斜率是区域降水的指标，降水量增加较快的地区(降水变化斜率大于 3 毫米)同时也是年均降水增长幅度最大的地区，占全区面积的 17.8%；而降水量减少较快的地区(降水变化斜率小于 0 毫米)也是年均降水量减少幅度最大的地区，占全区面积的 29.6%；其他占 52.6% 的地区年均降水变化斜率在 0~3 毫米(图 2-2f)。

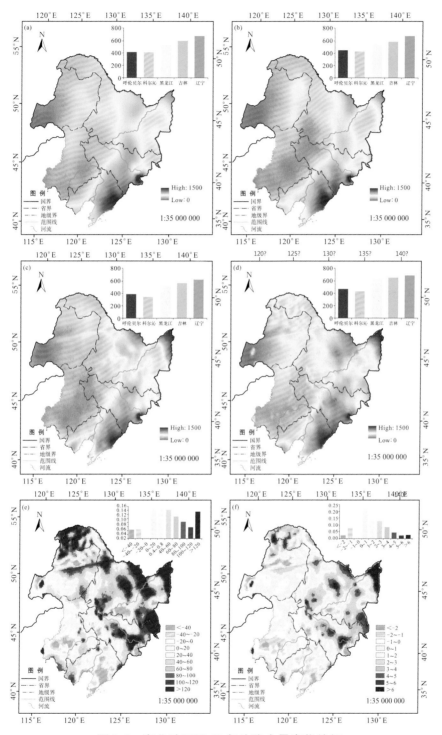

图 2-2 东北地区近 40 年均降水量变化特征

a, b, c, d 分别为 20 世纪 80 年代、90 年代以及 21 世纪初期、21 世纪 10 年代年均降水量，e 为 20 世纪 80 年代和 21 世纪 10 年代年降均水量变化值，f 为 40 年间年降均水量变化趋势

第二节　重点草原区域环境变化

草原生态系统是最重要、分布最广的陆地生态系统类型之一（Li et al.，2020）。内蒙古东部及东北地区草原是国际地圈-生物圈计划（IGBP）全球变化研究的典型陆地样带——中国东北温带森林-草原样带的组成部分，在全球生态学领域具有十分重要的研究地位（刘清春和千怀遂，2005）。本次评估针对呼伦贝尔草原、科尔沁草原以及松嫩草原等三个重点区域开展了环境变化评估。

呼伦贝尔草原位于内蒙古自治区东北部、大兴安岭以西的呼伦贝尔高原上，整体地势东高西低，海拔在 650~700 米，总面积 8.8 万平方千米。呼伦贝尔草原地处温带-寒温带半干旱气候区，四季分明，气候较干燥，多大风，沙漠化敏感性程度较高。呼伦贝尔草原是《全国生态功能区划》的 30 个防风固沙生态功能区之一。

科尔沁草原位于内蒙古东部，处于西拉木伦河西岸和老哈河之间的三角地带。科尔沁草原水利资源非常丰富，有大青沟、汗山、科尔沁草原湿地自然保护区等国家级和地区保护区。科尔沁草原处于温带半湿润与半干旱过渡带，气候干旱，多大风，属于沙漠化极敏感和防风固沙极重要区域。由于滥开草原，科尔沁草原已经出现了约 320 万公顷沙地，跨及内蒙古、吉林、辽宁三省（自治区），因此科尔沁草原也被称为科尔沁沙地，面积位居我国四大沙地之首（崔珍珍等，2021）。科尔沁草原是《全国生态功能区划》的 30 个防风固沙生态功能区之一。

松嫩草原位于大小兴安岭与长白山脉及松辽分水岭之间的松辽盆地的中部区域，主要分布在由松花江和嫩江冲积而成东侧山前台地和低山丘陵上。松嫩草原属欧亚大陆草原的一部分，位于欧亚大陆草原的最东端，是我国草原带自然条件最好的草原区之一，草原面积约 187 万公顷。松嫩草原由于水热资源较好，历来是农业开发的主要地带，同时由于地处三面环山的闭流区域，草原退化和土壤盐碱化问题严重，是东北平原生态较为脆弱的地区，尤其是在黑龙江省西部沙地地带，草原植被有力地控制着沙丘群"活化"，对缓冲沙尘暴有着不可替代的功能，是东北生态建设的重点（王识宇，2019）。

一、重点草原区域的年均温度变化

呼伦贝尔草原年均温度常年维持在 0℃ 以下，多年平均值在 -2℃ 左右。科尔沁草原多年平均值在 6℃ 左右，松嫩草原多年平均值在 4℃ 左右，从四个年代的年平均温度来看，三个重点草原区域的多年平均温度并没有发生十分明显的变化。20 世纪 80 年代、90 年代以及 21 世纪初期、21 世纪 10 年代，科尔沁草原年均温度单调上升，呼伦贝尔草原和松嫩草原前三个十年的平均气温上升，而 21 世纪 10 年代有所下降，但并不显著（图 2-3d）。

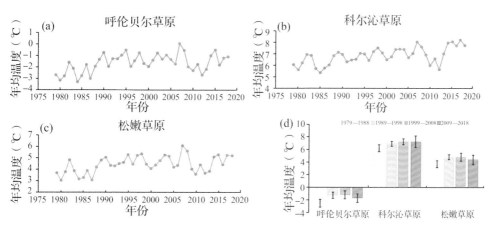

图 2-3 1979—2018 年呼伦贝尔草原、科尔沁草原、松嫩草原的年均温度年际变化以及四个年代三大重点草原区年均温度平均值的变化

1979—2018 年，呼伦贝尔草原、科尔沁草原、松嫩草原的年均温度都呈现明显的增加趋势（图 2-3a～c），其中科尔沁草原的年均温度增加速率最快，为 0.4℃/10 年；呼伦贝尔草原和松嫩草原年均温度增加速率相近，为 0.3℃/10 年。虽然重点草原区年均温度总体呈上升趋势，但年均温度存在明显的年际间波动，尤其是 2011—2013 年三个区域气温同步下降，其中 2012 年的平均温度（5.4℃）是科尔沁草原 40 年内的最低年均温度，这可能是因为气候变化加剧所导致的极端严寒事件使得冬季气温降低，进而拉低了年平均气温。呼伦贝尔草原和松嫩草原 40 年的最低年均温度都出现在 20 世纪 80 年代，呼伦贝尔草原在 1984 年达到最低（-3.3℃），松嫩草原在 20 世纪 80 年达到最低（3.0℃）。呼伦贝尔草原和松嫩草原的最高年均温度都出现在 2007 年，呼伦贝尔草原为 0.1℃，松嫩草原为

6.1℃，科尔沁草原 40 年的最高年均温度出现在 2017 年（8.2℃）。

二、重点草原区域的年降水量变化

从 1979—2018 年四个年代三个重点草原区域年降水量多年平均值来看，呼伦贝尔草原和科尔沁草原的年降水量较低，多年平均值在 400 毫米左右。而松嫩草原的年均降水量一般高于呼伦贝尔草原和科尔沁草原，多年平均值在 500 毫米左右。除此之外，呼伦贝尔草原和科尔沁草原年降水量的年代平均值变化规律相似，20 世纪 80 年代和 21 世纪初期都较低（350毫米左右），20 世纪 90 年代至 21 世纪初期降水量较高（400 毫米左右）。松嫩草原 20 世纪 80 年代到 21 世纪初期年降水量的年代平均值逐渐降低，从约 450 毫米降低到约 400 毫米，但在 21 世纪 10 年代又增加到约 500 毫米。其中 21 世纪初期三个草原区域年降水量都偏低，可能是因为 2000 年和 2001 年两年连续特大干旱。

1979—2018 年逐年降水量分析结果显示，呼伦贝尔草原、科尔沁草原及松嫩草原的年降水量变化都表现出不显著的增加或降低趋势，但最近 10 年是降水较为丰沛的时期（图 2-4a～c）。呼伦贝尔草原和松嫩草原的年降水量年际波动相较科尔沁草原更加明显。科尔沁草原和松嫩草原 40 年的最低年降水量都出现在 2001 年，科尔沁草原约 276 毫米，松嫩草原约 265毫米，这与 2000 年和 2001 年发生的特大干旱事件相符。虽然呼伦贝尔草原 40 年的最低年降水量出现在 20 世纪 80 年代的 1986 年（240 毫米），但

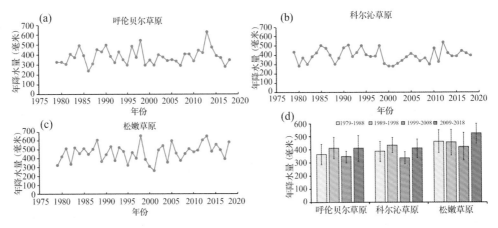

图 2-4　1979—2018 年呼伦贝尔草原、科尔沁草原、松嫩草原的降水量年际变化以及四个年代三大重点草原区年降水量平均值的变化

是其与科尔沁草原在 21 世纪初期都出现了一段较平稳的低年降水量时期，维持降水量在 350 毫米左右。呼伦贝尔草原和科尔沁草原 40 年的最高年降水量都出现在 21 世纪 10 年代，呼伦贝尔草原在 2013 年达到最高（632毫米），科尔沁草原在 2012 年达到最高（537 毫米）。而松嫩草原的 40 年最高年降水量出现在 21 世纪初期特大干旱事件前的 1998 年（654 毫米）。

三、重点草原区水文变化

水资源是影响生态系统结构和功能的重要环境要素。东北地区是我国北方水文条件最优越的地区，北有黑龙江流域、南有辽河流域，水资源总量及地表水资源均占全国的 21% 左右，北方水资源一级区六占其二（松花江水系及辽河水系）（刘卓和刘昌明，2006；唐珍珍，2014）。本研究针对重点草原区的主要水系，包括额尔古纳河水系、松花江水系、嫩江水系和辽河水系等四大水系开展动态变化评估。额尔古纳河水系主要分布在呼伦贝尔草原，松花江水系主要分布在松嫩草原，嫩江水系主要分布在呼伦贝尔草原和松嫩草原，辽河水系主要分布在科尔沁草原。选择这 4 个主要水系的代表性河流，分析其年径流变化，从而评估东北地区的水文变化特征。

（一）额尔古纳河水系水文变化

额尔古纳河水系位于内蒙古呼伦贝尔市，由额尔古纳河干流、上源海拉尔河以及支流哈拉哈河、乌尔逊河、克鲁伦河、根河、得尔布干河、激流河等组成。克鲁伦河和乌尔逊河是额尔古纳河水系中的两大河流，其中乌尔逊河位于呼伦贝尔市新巴尔虎右旗和新巴尔虎左旗交界处，发源于贝加尔湖，全长 223 千米。克鲁伦河发源于蒙古人民共和国的肯特山东麓，向南流出后折向东方，经过肯特省和东方省的广阔草原地带在中游乌兰恩格尔西端进入中国境内，全长 1264 千米，在我国境内长度 206 千米。

克鲁伦河和乌尔逊河自有水文记录以来的年径流量动态如图 2-5a 所示。两河年径流总量接近，年际变化高度一致。从整体看 1960 年以来克鲁伦河和乌尔逊河均呈下降趋势，但不同时期两河年径流量的年际波动大体分为四个阶段：第一阶段为 1960—1980 年，两条河流年径流量呈小幅度波动下降趋势，从 1960 年的 8 亿立方米波动下降至 1980 年的 2 亿立方米；第二阶段是 1981—1999 年，两河年径流量呈现高位大幅度波动，年径流量在 3 亿~12 亿立方米的大范围内波动，超过半数的年份年径流量大于 8 亿立方米；第三阶段是 2000—2012 年，两河径流量进入历史最低位，维持径流量在 1 亿立方米左右；第四阶段是 2013 年至今，克鲁伦河年径流量开始逐年回升，乌尔逊河波动回升。对流域气候数据的分析表明，两条河流径流量与降水量和湿润度呈正相关、与气温呈负相关，与流域家畜数量关系不大(图 2-5b~e)。

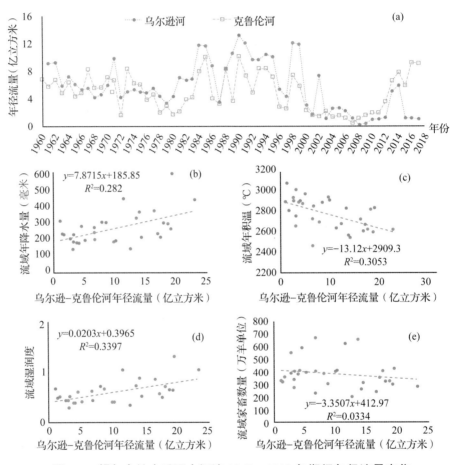

图 2-5 额尔古纳水系两大河流 1960—2018 年期间年径流量变化

a. 克鲁伦河和乌尔逊河年径流量；b~e. 两河径流量与流域气候及家畜数量关系

(二)松花江年平均径流量变化

松花江流域涵盖了黑龙江、吉林、辽宁、内蒙古四省(自治区)，流域总面积 55.72 万平方千米，长度约 1927 千米。松花江流域的水量主要以大气降水为补给，融水补给为辅，因此径流量的年内分配具有明显的季节变化特征。且径流的年际变化较大，呈明显的连丰连枯和丰枯交替的周期性变化。

位于哈尔滨的水文站多年平均值在 700 亿立方米左右，1956—2018 年松花江年径流量大体呈降低趋势，10 年年径流量降低 40 亿立方米左右。尤其从 1956 年(930 亿立方米)到 1979 年(220 亿立方米)降低十分显著，每 10 年年径流量降低可达 350 亿立方米。1980—1998 年，松花江年径流量进入另一个稍高位波动阶段，1998 年最高达到 1203 亿立方米，之后进入一个相对低位的波动阶段(图 2-6b)。与气候数据的相关分析表明，松花江年径流量与流域年降水量呈正相关，与年均温度呈负相关(图 2-6c, d)。

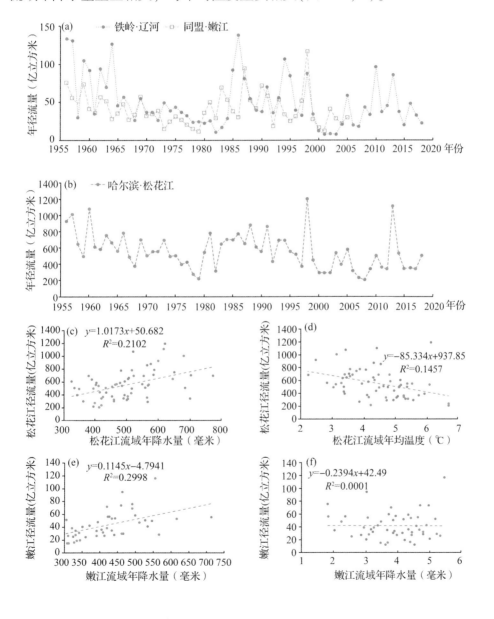

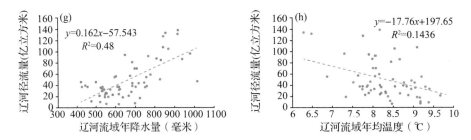

图 2-6 嫩江 1956—2018 年和辽河 1956—2005 年（a）及松花江 1956—2018 年（b）年径流量变化；松花江流域年降水量及年均温度与松花江年径流量关系（c，d）、嫩江流域年降水量及年均温度与嫩江年径流量关系（e，f）、辽河流域年降水量及年均温度与辽河年径流量关系（g，h）

（三）嫩江年平均径流量变化

嫩江是松花江的最大支流，主要分布在呼伦贝尔地区和黑龙江省西部。嫩江右岸支流主要由内蒙古自治区境内流入，左岸支流均在黑龙江省境内，流域总面积约为 29.7 万平方千米，全长约 1370 千米。嫩江中下游河谷宽阔，两岸为松嫩平原农业区，是黑龙江省主要粮食产区之一。

基于同盟水文站的数据，1955—2005 年嫩江年径流量表现出微弱的下降趋势，多年平均值在 450 亿立方米左右。类似于松花江年径流量的变化，嫩江 1955—1979 年年径流量降低趋势明显，前半段时期波动降低，后半段时期逐年降低，从 1956 年的 75 亿立方米降低到 1979 年的 11 亿立方米，10 年年径流量降低约 30 亿立方米。而 1980—2005 年年径流量年际波动明显，最高可达 116 亿立方米（1998 年），最低可至 12 亿立方米（2001 年）（图 2-6a）。对嫩江流域气候数据的分析表明，嫩江年径流量与流域年降水量呈正相关，但与年均温度无相关关系（图 2-6e，f）。

（四）辽河年平均径流量变化

辽河流经河北、内蒙古、吉林、辽宁四省（自治区），流域总面积约 21.9 万平方千米，河长 1390 千米。辽河流域多暴雨，洪水频发，且属中国水资源贫乏地区之一，特别是中下游地区，水资源短缺更为严重。近些年由于大量人为因素，辽河已成为中国江河中污染最重的河流之一（秦杨等，2021）。

基于地处辽河上游的辽宁铁岭水文站数据，1956—2018 年辽河年径流量呈缓慢降低趋势，多年平均径流量在 70 亿立方米左右。与松花江、嫩江类似，1956—1982 年辽河年径流量降低趋势明显，同样是前半段时期波动降低后半段时期逐年降低，从 1956 年的 133 亿立方米降到 1982 年的 10 亿立方米，10 年年径流量降低约 50 亿立方米。1982—2018 年，辽河年径流量年际波动明显，最高可以达到 140 亿立方米（1986 年），最低可以低至 8 亿立方米（2001 年）。2000—2003 年，辽河年径流量连续四年保持在多年最低水平（10 亿立方米）（图 2-6a），可能是因为 2000—2003 年年降水量维持在较低水平。对辽河流域气候数据的分析表明，辽河年径流量与流域年降水量呈正相关，与年均温度呈负相关（图 2-6g, h）。

第三章 东北地区草原生态状况变化

2017—2019 年，中国农业科学院资源区划所会同东北师范大学、黑龙江草业研究所、中国科学院东北地理与农业生态研究所，对东北地区草原进行了样带考察和草原调查。样带考察设置了东西、南北两条样带，东西样带主要是以降水为驱动的气候梯度带，样带内降水量、植被、土壤差异大；南北样带主要是受热量驱动的气候梯度带。样带调查共完成 1000 余个样方数据，1300 余个草原类型训练数据，调查内容包括草原类型、植被群落（物种、盖度、高度、株丛数、生物量）、土壤理化性质等。基于草原调查、样带考察和卫星遥感，获得了内蒙古大部分及东北地区的草原类型及其分布状况，分析了近 20 年东北地区草原植被生长状况（植被覆盖度）、草原生产状况（草原生物量）和利用状况（放牧、打草）。

第一节 草原类型分布及面积变化

利用 2013—2018 年（以 2015—2018 年为主）夏季（6 月 1 日至 9 月 30 日）覆盖全境的 97 个图幅区 Landsat8 OLI 和 Google Earth 高分辨率影像，结合东北地区基础地理信息，对东北地区草原类型进行了预分类；据此预分类结果设置野外调查路线和范围，对东北地区低地草甸、草甸草原、草甸典型等重点草原类型，利用样带、样线和样地等调查手段，采集草原类型、群落结构、生物量和景观照片等相关要素，获取各区域草原分类训练样本。调查区域包括东北三省（黑龙江省、吉林省、辽宁省）与内蒙古自治区呼伦贝尔市、兴安盟、通辽市和赤峰市，主要划分的草原类型包括：温性草甸草原、温性草原、低地草甸、山地草甸以及其他草原。最终结合自动分类和人工目视解译，完成了东北地区草原的解译、类型划分及统计制图等（图 3-1）。

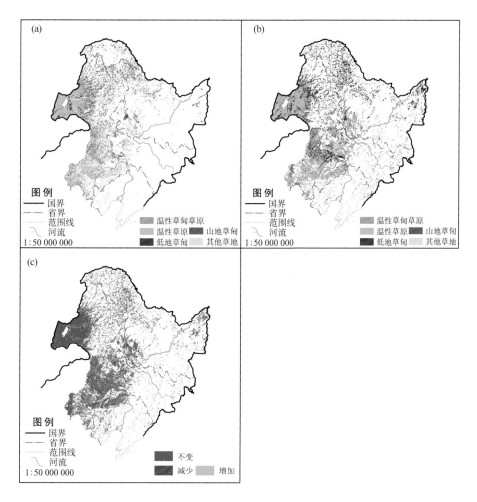

图 3-1 草原面积变化

a. 2018 年基于 Landsat 影像的草原类型分类图；b. 1980s 草原类型分类图；c. 2018 年相对于
1980s 草原面积变化图

一、东北地区及不同区域草原面积变化

图 3-1 给出基于 2015—2018 年 Landsat 影像提取的东北地区草原类型分布、20 世纪 80 年代的草原类型分布，以及两个年代之间的草原面积变化。如表 3-1 所示，20 世纪 80 年代东北地区区域内共有草原 37.13 万平方千米，其中低地草甸面积最大，达 13.6 万平方千米，其次为温性典型草原和温性草甸草原，面积分别为 10.35 万平方千米和 9.61 万平方千米，山地草甸面积最小为 1.53 万平方千米，此外还有其他草原面积 2.05 万平方千米。2018 年东北地区草原总面积 21.25 万平方千米，相对于 20 世纪 80 年代减

表 3-1 东北地区草原面积变化情况

草原类型	温性草甸			温性典型草原			低地草甸			山地草甸			其他类型草原			合计		
时期	1980s	2018	变化率	1980s	2018	变化率	1980s	2018	变化率	1980s	2018	变化率	1980s	2018	变化率	1980s	2018	变化率
单位	万平方千米	万平方千米	%	万平方千米	万平方千米	%	万平方千米	万平方千米	%	万平方千米	万平方千米	%	万平方千米	万平方千米	%	万平方千米	万平方千米	%
研究区域整体情况																		
研究区域	12.04	8.52	−29	21.11	19.82	−6	16.18	7.63	−53	1.68	0.28	−83	5.63	4.30	−24	56.64	40.55	−28
东北地区各地草原面积变化情况																		
科尔沁草原各盟市	4.52	3.16	−30	5.55	4.23	−24	1.96	0.82	−58	0.32	0.10	−69	0.62	0.03	−95	12.97	8.35	−36
呼伦贝尔市	1.69	1.37	−19	4.25	4.25	0	5.30	3.56	−33	0.40	0.17	−58	0.32	0.06	−82	11.97	9.40	−21
辽宁省	0.12	0.00	−96	0.10	0.04	−62	0.20	0.02	−91	0.26	0.00	−98	0.48	0.24	−49	1.16	0.31	−73
吉林省	1.36	0.50	−63	0.39	0.04	−89	0.83	0.15	−82	0.48	0.00	−100	0.20	0.03	−85	3.26	0.73	−78
黑龙江省	1.92	0.76	−60	0.05	0.00	−100	5.32	1.67	−69	0.06	0.00	−100	0.43	0.03	−92	7.78	2.46	−68
小计	9.61	5.80	−40	10.35	8.57	−17	13.60	6.22	−54	1.53	0.27	−82	2.05	0.40	−81	37.13	21.25	−43
东北地区三大草原面积变化情况																		
科尔沁草原	0.25	0.07	−72	1.94	1.38	−29	0.20	0.05	−76	0.11	0.01	−94	0.49	0.00	−100	2.98	1.51	−50
呼伦贝尔草原	1.58	1.43	−10	4.25	4.27	1	2.70	2.41	−11	0.32	0.17	−47	0.16	0.05	−69	9.02	8.33	−8
松嫩草原	1.56	0.66	−58	0.04	0.00	−91	0.55	0.23	−58	0.00	0.00	NA	0.08	0.02	−77	2.23	0.92	−59
小计	3.40	2.16	−36	6.22	5.66	−9	3.44	2.69	−22	0.43	0.18	−60	0.73	0.07	−91	14.23	10.76	−24

少了15.88万平方千米，减幅43%。其中，草甸草原类、典型草原类、低地草原类、山地草甸类和其他草原类在近40年来分别减少了3.81万平方千米、1.78万平方千米、7.38万平方千米、1.26万平方千米和1.65万平方千米，减幅分别为40%、17%、54%、82%和81%。

2018年内蒙古东部地区草原面积17.75万平方千米，与20世纪80年代相比减少29%。呼伦贝尔市草原面积从11.97万平方千米降低到9.4万平方千米，降幅21%，其中低地草甸面积的大幅减少（减少1.74万平方千米，约33%），而温性草甸草原、典型草原面积变化较少，降幅分别为19%、0%，这可能是由于气候干热化导致部分低湿地草甸转化成草甸草原和典型草原。科尔沁地区三盟市草原面积从20世纪80年代12.97万平方千米减少至2018年8.35万平方千米，降幅约36%，其中草甸草原、典型草原、低地草甸和山地草甸面积依次减少了1.36万平方千米、1.32万平方千米、1.14万平方千米和0.22万平方千米，降幅分别为30%、24%、58%和69%。

东北三省20世纪80年代草原总面积12.2万平方千米，其中黑龙江、吉林和辽宁草原面积分别为7.78万平方千米、3.26万平方千米和1.16万平方千米。2018年东北三省草原面积降低至3.5万平方千米，降幅达71%，其中黑龙江、吉林和辽宁草原分别减少了68%、78%、73%。东北三省山地草甸基本全部消失，低地草甸、草甸草原降低幅度达60%以上，大部分转化为耕地或建设用地。

二、重点草原区草原面积变化

东北地区草原的分布比较分散，但是将近50%的典型草原和草甸草原分布在呼伦贝尔草原、科尔沁草原和松嫩草原等重点草原区域（图3-1）。20世纪80年代这三个重点草原区的草原面积14.23万平方千米，占整个东北草原区的38%；2018年，三个草原区总面积10.76万平方千米，占整个东北草原区的51%。

如表3-1所示，20世纪80年代至2018年，呼伦贝尔草原面积从9.02万平方千米减少至8.33万平方千米，减少了8%。这一时期呼伦贝尔草原典型草原面积略有增加，增加了0.02万平方千米，主要来自低地草甸和湿地干旱化。呼伦贝尔山地草甸面积减少了0.15万平方千米，降幅达到

47%，一部分在气候变化和放牧压力下退化或转化为典型草原和草甸草原，另外还有一部分被开垦为农田。

科尔沁草原面积从 20 世纪 80 年代的 2.98 万平方千米降低至 1.51 万平方千米，降幅为 50%，其中草甸草原、温性典型草原、低地草甸和山地草甸面积分别减少了 0.18 万平方千米、0.56 平方千米、0.15 平方千米和 0.1 万平方千米，降幅依次为 72%、29%、76% 和 94%，除了从半湿润类型向半干旱类型转化，大部分被开垦或转化为建设用地。

松嫩草原面积从 20 世纪 80 年代的 2.23 万平方千米降低至 0.92 万平方千米，降幅 59%，其中草甸草原和低地草甸分别减少 0.9 万平方千米和 0.32 万平方千米，降幅达 58%，主要原因是农业开垦、建设用地和盐渍化退化。

第二节　草原生长状况变化

一、东北地区草原生长状况整体变化

作为反映植被状况的一个重要遥感参数，归一化植被指数（NDVI）被广泛认为是反映植被生长状况，如植被绿度、覆盖度和活力的指示因子（王正兴和刘闯，2003）。NDVI 通过测量遥感影像的近红外和红光之间的差异来量化植被生长和健康状况，NDVI 的值越大则表示植被生长状况越好（Rouse et al.，1974）。本研究使用 2000—2018 年的 MODIS 反射率产品（MOD09A1），计算得到东北地区 2000—2018 年的 NDVI 数据，空间分辨率为 500 米，时间分辨率为 8 天。NDVI 数据采用均值法进行处理，由于草原生长旺季为 7~8 月，在 7 月下旬至 8 月上旬达到草原生长极大值，本研究选取每年 7 月下旬至 8 月上旬的 NDVI 均值作为草原生长最旺季的 NDVI 值进行草原生长状况的时空变化分析。

为了阐明东北地区草原生长状况的时空变化特点，计算了东北地区草原 2000—2018 年 NDVI 均值及变异系数。NDVI 均值反映了东北地区草原生长状况的空间分布特征（图 3-2d），2000—2018 年东北地区大部分草原的生长状况优秀，生长状况良好和优秀的区域占东北地区总面积的 89.9%，主要分布在大兴安岭东侧、呼伦贝尔草原东部、松嫩草原西北

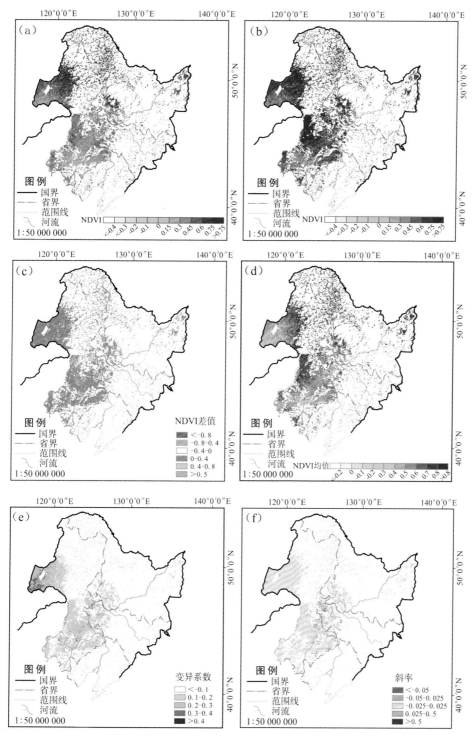

图 3-2 东北地区草原 NDVI 时空分布

a. 2000 年 NDVI 分布状况；b. 2018 年 NDVI 分布状况；c. 2000 年和 2018 年 NDVI 差值；d. 2000—2018 年 NDVI 均值；e. 2000—2018 年 NDVI 变异系数；f. 2000—2018 年 NDVI 斜率

部、科尔沁草原的北部，以及黑龙江省的东北部地区；生长状况差和极差的区域占东北地区总面积的 0.7%，主要集中在呼伦贝尔草原的西南部、科尔沁草原中部、松嫩草原南部的小部分地区。

变异系数表示一定时间段内数据变化的剧烈程度，由数据的标准差除以均值得到（Pandey et al.，2015）。对 2000—2018 年的草原 NDVI 在像元尺度上进行统计分析，得到 NDVI 的变异系数（图 3-2e），变异系数的值越大表示草原生长状况的变化越剧烈。2000—2018 年东北地区草原 NDVI 的变异系数在 0~0.4。呼伦贝尔草原的西南部变化最为剧烈，变异系数达到 0.3~0.4，局部地区达到 0.4 以上，说明此区域草原生长状况在 2000—2018 年期间波动较大；科尔沁草原的中部及西辽河平原变异较为明显，变异系数为 0.2~0.3，其他地区变化较小。

为进一步阐明东北地区草原生长状况的时空变化趋势，利用斜率分析法在像元尺度上模拟了 2000—2018 年东北地区草原 NDVI 的变化速率，用以反映草原 NDVI 年际变化趋势的空间特征。根据东北地区 2000—2018 年草原 NDVI 斜率的变化范围和线性关系，将草原生长状况的变化趋势分为 5 个等级：明显减少（小于 -0.05）、轻微减少（-0.05~-0.025）、基本稳定（-0.025~0.025）、少量增加（0.025~0.05）、显著增加（大于 0.05）。结果显示（图 3-2f），2000—2018 年东北地区的草原生长状况总体呈现少量增加趋势。东北地区内大部分地区草原生长状况基本稳定（占总面积的 90.4%），少部分地区的草原呈现少量增加（占总面积的 9.4%），主要位于科尔沁草原的北部、松嫩草原的西南部；明显减少和轻微减少的区域仅占总面积的 0.12%。

通过对比分析 2000 年和 2018 年的 NDVI 分布状况（图 3-2a，b）发现，与 2000 年相比，2018 年草原生长状况较差的区域明显减少，从 2000 年的 4.7 万平方千米减少为 2018 年的 0.7 万平方千米，占东北地区总面积的比例从 38.6% 减少为 6.8%。草原生长状况优秀的区域明显增加，从 2000 年的 3.7 万平方千米增加到 2018 年的 7.6 万平方千米，占东北地区总面积的比例从 30.9% 增长到 73.5%。其中，科尔沁草原的北部、松嫩草原的西部和南部、呼伦贝尔草原的北部和大兴安岭东侧的草原生长状况明显好转。通过对比 2018 年和 2000 年的 NDVI 差值（图 3-2c）发现，东北地区的大部分地区 NDVI 呈现增加的趋势，占总面积的 94.6%，增加大于 0.4 平方千米的区域占总面积的 9.2%，主要分布在科尔沁地区的西部和南部、松嫩草原的南部地区。东北地区草原的整体生长状况呈现好转。

二、重点区域变化分析

通过进一步对东北地区不同行政区域及重点草原区的草原生长状况进行分析。结果显示(图 3-3 和图 3-4)，各行政区及典型草原区的草原生长状况在 2000—2018 年之间的变化趋势基本一致，都呈现出波动上升趋势。不同行政区域草原生长状况以黑龙江最好，其次为辽宁、呼伦贝尔地区、吉林，科尔沁地区最差。三个重点草原区中，科尔沁草原 NDVI 值低于其他地区，松嫩草原 NDVI 值最高；呼伦贝尔草原为三个草原区中增长速度最慢的，并且在 2002—2004 年、2006—2007 年、2014—2016 年分别出现 NDVI 值的波谷，但在 2016 年后迅速回升；松嫩草原在 2000—2018 年增长最快。

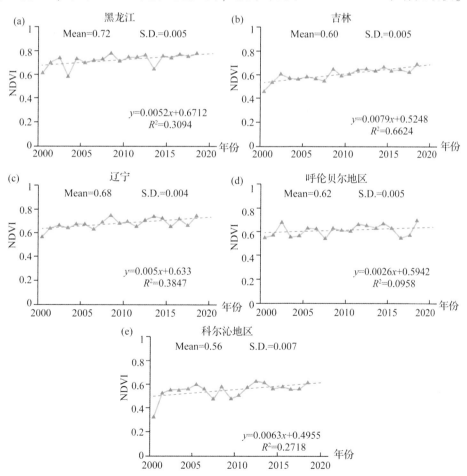

图 3-3　2000—2018 年东北地区草原 NDVI 逐年变化趋势

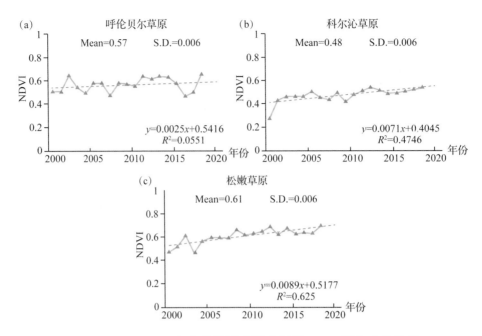

图 3-4 2000—2018 年东北地区典型草原区 NDVI 逐年变化趋势

图 3-5 对比了东北地区三个典型草原在 2000—2018 年的变化状况。将 ND-VI 值等间距分为五个等级：极差（小于 0）、差（0 ~ 0.2）、一般（0.2 ~ 0.4）、良好（0.4 ~ 0.6）、优秀（大于 0.6），表示草原生长状况（图 3-5）。科尔沁草原是三个典型草原中生长总体状况最差的，2000—2018 年草原生长平均水平极差和差的区域占其总面积的 3.2%，生长水平良好的区域仅为 19.3%。但在 2000—2018 年，科尔沁草原状况明显好转，草原生长呈增加趋势的区域占总面积的 17.4%，草原生长水平良好和优秀的区域显著增加。2000 年，科尔沁草原中草原生长状况较差的区域为 0.7 万平方千米，占总面积的 26.1%，生长状况良好和优秀的地区面积为 0.4 万平方千

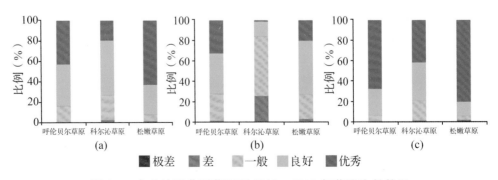

图 3-5 东北地区典型草原区 2000—2018 年草原生长状况

a. 2000—2018 年草原 NDVI 均值；b. 2000 年；c. 2018 年

米；到了 2018 年，草原生长状况良好和优秀的地区面积增长为 1.2 万平方千米，占总面积的 78.4%，生长状况较差的区域减少为总面积的 2.2%。

松嫩草原在 2000—2018 年，草原生长呈增加趋势的区域占总面积的 28.7%，是三个典型草原中增加最为显著的。其中，草原生长状况优秀的区域从 2000 年的 0.45 万平方千米增加为 2018 年的 0.8 万平方千米，面积占比从 19.8% 增加为 79.7%。呼伦贝尔草原生长状况在 2000—2018 年基本保持稳定，草原生长状况优秀和良好的面积占总面积的 83%。

综合以上分析，东北地区的草原生长总体状况在 2000—2018 年明显好转，大部分草原生长状况保持稳定，部分地区草原生长状况得到显著改善，草原生长状况优秀的区域显著增加，生长状况较差的区域明显减少。东北地区的大部分草原生长状况年际差异不大，保持稳定增加的状态。三个典型草原区的草原生长状况有一定差异，但都呈现生长状况转好的趋势，其中松嫩草原和科尔沁草原的草原状况好转趋势较为明显。

第三节　草原生物量状况及时空变化分析

一、天然草原生物量空间分布

植被生物量是陆地生态系统碳存储的重要组成部分。准确评估草原地上和地下生物量可为草原生态管理提供更有力的数据支持。本研究以 2013—2018 年 7~8 月在东北三省及内蒙古东部草原野外踏勘采集 322 个样地的地上生物量数据和 224 个样地的地下生物量数据作为实测数据，以归一化植被指数 NDVI（Rouse et al.，1974）、增强植被指数 EVI（Huete et al.，1997，2002）、叶绿素指数 CI（Gitelson et al.，2005）、地表水分指数 LSWI（Gao，1996）和归一化差值物候指数 NDPI（Wang et al.，2017）、高程 DEM、年均气温 MAT 和年降水量 MAP 作为因变量参数，采用随机森林算法分别构建地上生物量、地下生物量遥感估算模型，从而实现东北地区草原 2000—2018 年 7~8 月生物量遥感反演。其中，归一化植被指数和增强植被指数被广泛认为是植被绿度、覆盖度和活力的反映。叶绿素含量与植被的光合速率和养分状况密切相关，常被用来表征植物的生长状况，叶绿素指数是用来估计叶绿素含量的植被指数。陆地地表水分指数和归一化差值物候指数都使用了对植被含水量变化敏感的 SWIR 波段植被指数，可反映植被冠层水分状况。高程数据能够描述植被生长的海拔，气温和降水是影响干旱半干旱地区草原生长状况的关键环境因素。植被指数均由 MO-DIS09A1（Vermote et al.，2015）8 天 500 米反射率产品计算得到；高程特征使用 SRTMGL3 Global 3 arc sec（90 米分辨率）V003 DEM 产品；年均气温和年降水量数据来源于中国区域地面气象要素驱动数据集（CMFD）（Yang et al.，2010；Kun and Jie，2018；He et al.，2020）。

地上生物量模型的决定系数是 0.47，平均绝对误差为 21 克碳/平方米，均方根误差为 28 克碳/平方米；地下生物量估算模型的决定系数为 0.44，平均绝对误差为 173 克碳/平方米，均方根误差为 244 克碳/平方米。地上生物量模型的决定系数略高于地下生物量模型。地上生物量及地下生物量遥感估算模型的精度能够满足生物量评估的要求。实测碳储量与估算碳储量的散点图如图 3-6 所示。估算地上生物量、地下生物量能较好地拟合实测的地上生物量，但当地上生物量大于 100 克碳/平方米或地下生物量大于 800 克碳/平方米，估算生物量低于实测生物量，实测生物量被低估。造成这一现象的原因可能是对于温性草原，地上生物量、地下生物量比较高的植被除具有高盖度外，往往还具有较高的高度（Yang et al.，2017），而建模中缺少能够代表植被高度特征的参数。

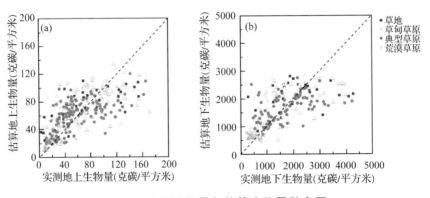

图 3-6　实测生物量与估算生物量散点图

a. 实测地上生物量与估算地上生物量散点图；b. 实测地下生物量与估算地下生物量散点图。虚线为实测值和预测值 1：1 线

综合 2000—2018 年地上生物量及地下生物量 7~8 月均值，得到东北及内蒙古东部草原地上生物量和地下生物量多年均值分布图，分别如图 3-7a 和图 3-7b 所示。大兴安岭两麓的草甸及草甸草原的地上生物量最高，并向东西两侧逐渐降低。科尔沁和呼伦贝尔西部的部分区域地上生物量低

于 30 克碳/平方米。位于呼伦贝尔东部及黑龙江北部大兴安岭地区草原的地下生物量最高，其次是呼伦贝尔西部、科尔沁西部、黑龙江南部及吉林的草原，地下生物量低于 300 克碳/平方米的草原广泛分布在东北地区中部，及黑龙江、吉林与科尔沁交界的地区。

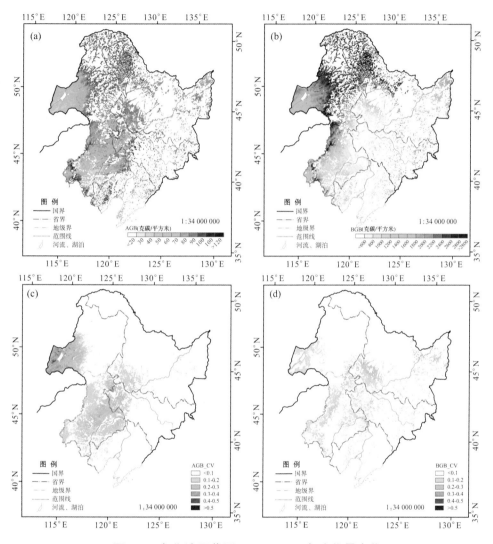

图 3-7　东北地区草原 2000—2018 年生物量变化

a. 年均地上生物量分布；b. 年均地下生物量分布；c. 年均地上生物量变异系数；d. 地下生物量变异系数

图 3-7c 和图 3-7d 分别为 2000—2018 年年均地上生物量和地下生物量的变异系数。对比 2000—2018 年年均地上生物量与变异系数，发现年均地上生物量越高的区域变异系数越小，表明该区域地上生物量年际间离散程度较小；而平均地上生物量较低的区域则具有较大的变异系数，表明该

区域地上生物量年际间离散程度较大。地下生物量的年均值与变异系数也呈现出同样的规律。这是因为高生物量草原大多属于草甸或草甸草原，植被物种丰富，当发生气候变化或人类干扰时，对抗能力较植被物种稀少的草原相对较强（Bai et al.，2004；Venail et al.，2015）；而低生物量草原植被物种相对较少，对气候变化及人类干扰相对敏感，因此生物量年际间的离散程度较大。

东北地区草原平均地上生物量 72.67 克碳/平方米，平均地下生物量 557.74 克碳/平方米，地上、地下生物量碳库分别为 2648 万吨和 20326 万吨，地下碳库占总生物碳库的 88.48%。草甸在东北地区的分布面积最广泛，其平均地上生物量为 82.30 克碳/平方米，平均地下生物量为 653.23 克碳/平方米，地上、地下生物量碳库分别为 1289 万吨、10229 万吨，总生物碳库 11518 万吨，占东北地区的 50.13%。典型草原在东北地区的分布面积仅次于草甸，其平均地上生物量为 57.11 克碳/平方米，平均地下生物量为 465.44 克碳/平方米，地上、地下生物量碳库分别为 639 万吨、5207 万吨，总生物碳库 5846 万吨，占东北地区的 25.45%。草甸草原的面积与典型草原差不多，其平均地上生物量为 75.14 克碳/平方米，平均地下生物量为 512.34 克碳/平方米，地上、地下生物量碳库分别为 712 万吨、4856 万吨，总生物碳库 5568 万吨，占东北地区的 24.24%。荒漠草原在东北地区的分布面积仅有 0.12 万平方千米，其平均地上生物量为 70.82 克碳/平方米，平均地下生物量为 287.06 克碳/平方米，地上、地下生物量碳库分别为 8 万吨、34 万吨，总生物碳库 42 万吨，远低于其他类型的草原，占东北地区的 0.18%。

表 3-2　不同草原类型的面积、生物量平均值、生物量总值及占研究区总量的百分比

草原类型	面积（万平方千米）	生物量平均值（克碳/平方米）		生物量总值			
		地上	地下	地上（万吨碳）	地下（万吨碳）	总量（万吨碳）	总量占比（%）
草　甸	15.66	82.30	653.23	1289	10229	11518	50.13
草甸草原	9.48	75.14	512.34	712	4856	5568	24.24
典型草原	11.19	57.11	465.44	639	5207	5846	25.45
荒漠草原	0.12	70.82	287.06	8	34	42	0.18
全部草原	36.44	72.67	557.74	2648	20326	22974	100.00

二、不同区域及重点草原区草原生物量空间分布

东北三省草原平均地上生物量高于内蒙古东部草原，其中辽宁省草原地上生物量最高，为88.28克碳/平方米，但由于其草原面积最小，地上生物量碳库仅有88万吨碳，仅占东北地区地上生物量碳库的3.3%。黑龙江省草原地上生物量为84.56克碳/平方米，地上生物量碳库645万吨，占东北地区的24.3%。吉林省草原地上生物量78.43克碳/平方米，地上碳库243万吨，占东北地区的9.3%。呼伦贝尔地区草原地上生物量为68.17克碳/平方米，略高于科尔沁地区的草原平均67克碳/平方米的地上生物量。由于内蒙古东部草原面积是东北三省的2倍，所以尽管平均生物量较低，地上生物量碳库达到1670万吨，占东北地区地上生物量碳库的63%。

东北地区平均地下生物量的空间格局与地上生物量不完全一致，其中位于北部的呼伦贝尔地区和黑龙江省草原平均地下生物量较高，分别为740.65克碳/平方米、572.32克碳/平方米；其次为科尔沁、辽宁省，平均地下生物量分别为446.94克碳/平方米，422.72克碳/平方米；吉林省草原地下生物量最低，为332.31克碳/平方米。吉林省草原有大面积土壤存在沙化、盐碱化的问题，植被群落结构中一年生的植被比例增大，大量根系转化成土壤碳的周期短，地下生物量碳流失，且沙化、盐碱化的土壤条件不利于根系生长，植被扎根较浅，从而导致该区域的平均地下生物量较其他区域低。

不同区域总生物碳库基本由地下生物量碳库决定，与地下生物量碳库具有相同的大小排序，五个地区呼伦贝尔地区草原面积第二大，而平均地上生物量远高于其他地区，生物量碳库最高；其余地区由于草原面积差异较大，生物量碳库主要由面积决定。五个区域生物量碳库从高到低依次为呼伦贝尔、科尔沁、黑龙江、吉林和辽宁，分别为9600万吨、6558万吨、5009万吨、1302万吨和505万吨，分别占东北地区的41.8%、28.6%、21.8%、5.7%和2.2%。

松嫩草原、呼伦贝尔草原及科尔沁草原三个重点草原区，平均地上生物分别为79.73克碳/平方米、60.85克碳/平方米、60.3克碳/平方米，地下生物量分别为305.46克碳/平方米、712.98克碳/平方米、324.12克碳/平方米；生物量碳库分别为865万吨、6984万吨、1147万吨。其中，

表3-3   不同地区草原的面积、生物量平均值、生物量总值及占研究区总量的百分比

地 区	面积（万平方千米）	生物量平均值（克碳/平方米）		生物量总值			
		地上	地下	地上（万吨碳）	地下（万吨碳）	总量（万吨碳）	总量占比（%）
黑龙江	7.62	84.56	572.32	645	4364	5009	21.80
吉 林	3.16	78.43	332.31	243	1059	1302	5.67
辽 宁	0.99	88.28	422.72	88	417	505	2.20
呼伦贝尔	11.86	68.17	740.65	808	8792	9600	41.79
科尔沁	12.82	67.45	446.94	864	5694	6558	28.55
重点草原区							
松嫩草原	2.25	79.73	305.46	179	686	865	3.77
呼伦贝尔草原	9.03	60.85	712.98	549	6435	6984	30.40
科尔沁草原	2.98	60.30	324.12	180	967	1147	4.99

呼伦贝尔草原碳库的92.1%位于地下，科尔沁草原碳库的84.3%位于地下、松嫩草原70.3%位于地下。东北地区大量的草甸及草甸草原分布在呼伦贝尔草原，而草甸及草甸草原植被以多年生草本为主，具有大量的根系，故地下生物量碳库占比最高；松嫩草原土壤沙化、盐碱化使得一年生植被占比增大、植被根系变浅、向土壤碳库转化周期变短，从而造成地下碳库减少，在三个重点草原中，地下碳库占比最低。

三、天然草原生物量变化趋势

应用Theil-Sen方法（Sen，1968）分析2000—2018年东北地区草原地上生物量和地下生物量变化趋势（图3-8）。

东北地区草原地上及地下生物量每10年分别增长0.45千克/公顷和1.7千克/公顷，呈增长趋势的草原分别占83.7%和75.4%。在干旱条件下，植物需要发育的根系来获得水分，因此更多的生物量分配到地下部分，在水分充足的条件下，植被不需要如此发达的根系来获得足够的水分，而是需要更多的叶片来进行光合作用，因此更多的生物量被分配到地上部分。植物的这种协调生长的机制使得地上生物量和地下生物量变化趋势空间格局不完全一致。东北地区地上生物量呈减少趋势的草原主要分布

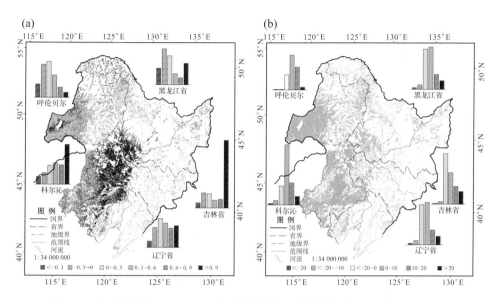

图 3-8　东北草原 2000—2018 年生物量年际变化[克碳/（平方米·年）]

a. 地上生物量变化趋势；b. 地下生物量变化趋势

在呼伦贝尔及黑龙江的大兴安岭地区，地下生物量呈减少趋势的草原主要分布在吉林西部。此外，科尔沁西南部部分草原的地上及地下生物量均呈现下降的趋势。

四、重点草原区草原生物量变化趋势

对不同地区草原地上、地下生物量变化趋势进行统计，结果如图 3-9。黑龙江、吉林、辽宁、呼伦贝尔及科尔沁分别有 56.6%、82.8%、78%、61.4% 及 83.7% 的草原地上生物量呈现增长趋势。黑龙江、辽宁、呼伦贝尔分别有 53.5%，40.9% 和 57.4% 的草原地上生物量以 ±0.3 克碳/平方米速率变化；56.5% 的吉林草原及 33.5% 的科尔沁草原地上生物量增长速率高于 0.9 克碳/（平方米·年）。黑龙江、吉林、辽宁、呼伦贝尔及科尔沁分别有 58.7%、53.7%、92.2%、86.5% 及 79.2% 的草原地下生物量呈现增长的趋势。黑龙江和吉林的草原地下生物量以 ±2 克碳/（平方米·年）变化的区域分别占 56.4% 及 56.1%。辽宁、呼伦贝尔、科尔沁分别有 63.3%、71.8% 和 57.9% 的草原地下生物量增长速率低于 4 克碳/（平方米·年）。

图 3-9 显示了不同地区草原地上生物量、地下生物量逐年变化趋势。黑龙江、吉林、辽宁、呼伦贝尔及科尔沁草原地上生物量均呈现上升的趋势，其中黑龙江、吉林、辽宁草原地上生物量介于 80~100 克碳/平方米，呼伦

贝尔草原地上生物量介于 70~85 克碳/平方米，科尔沁草原地上生物量介于 50~80 克碳/平方米。位于东北地区南部的科尔沁、辽宁和黑龙江草原平均地上生物量增长速率较大，分别为每年 0.77 克碳/平方米、0.29 克碳/平方米和 0.28 克碳/平方米；其次为呼伦贝尔，为每年 0.06 克碳/平方米；黑龙江草原地上生物量年际变化速率最低，为每年 0.05 克碳/平方米。黑龙江、吉林、辽宁、呼伦贝尔及科尔沁草原地下生物量均呈现上升的趋势，地下生物量波动范围分别是 565~695 克碳/平方米、455~545 克碳/平方米、360~445 克碳/平方米、741~831 克碳/平方米、414~511 克碳/平方米和 405~611

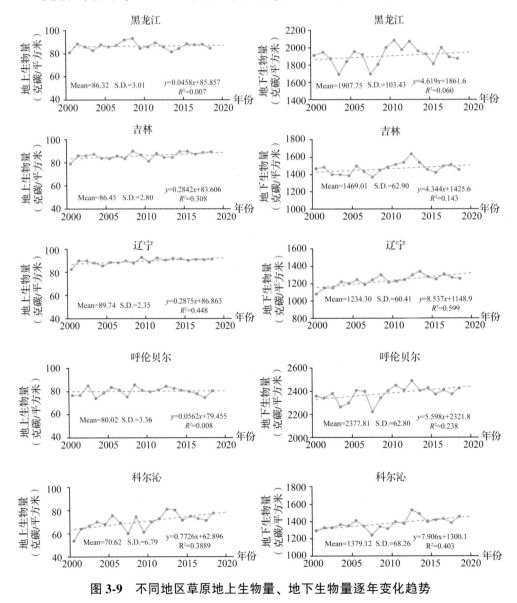

图 3-9　不同地区草原地上生物量、地下生物量逐年变化趋势

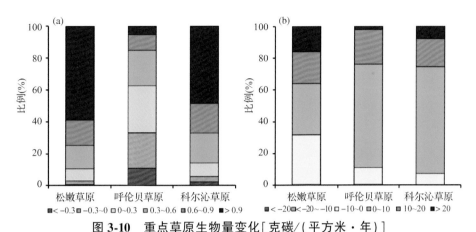

图 3-10　重点草原生物量变化 [克碳 /（平方米·年）]

a. 地上生物量变化趋势；b. 地下生物量变化趋势

克碳 / 平方米。地下生物量年际变化速率从低到高排序分别是吉林、黑龙江、呼伦贝尔、科尔沁和辽宁，变化速率分别为每年 1.5 克碳 / 平方米、1.5 克碳 / 平方米、1.9 克碳 / 平方米、2.6 克碳 / 平方米和 2.8 克碳 / 平方米。

对重点草原地上、地下生物量变化趋势进行统计，结果如图 3-10。松嫩草原、科尔沁草原均有 95% 左右的草原地上生物量呈现增长的趋势，且 50% 左右的区域以高于每年 0.9 克碳 / 平方米的速率增长；67% 的呼伦贝尔草原地上生物量呈增长趋势，且大部分增长速率低于每年 0.6 克碳 / 平方米。86.5% 的呼伦贝尔草原及 92.2% 的科尔沁草原地下生物量在 2000—2018 年呈现增加的趋势，但大部分增长速率低于每年 2 克碳 / 平方米；28.7% 的松嫩平原地下生物量呈现下降趋势，且下降速率不超过每年 2 克碳 / 平方米，此外还有 22.2% 的松嫩草原地下生物量的增加速率低于每年 2 克碳 / 平方米。

松嫩草原、呼伦贝尔草原和科尔沁草原的地上、地下生物量均呈增长趋势（图 3-11），其中地上生物量变化范围分别为每年 66~94 克碳 / 平方米、61~80 克碳 / 平方米和 45~76 克碳 / 平方米，地上生物量变化速率分别为每年 0.49 克碳 / 平方米、0.006 克碳 / 平方米、0.56 克碳 / 平方米；松嫩草原、呼伦贝尔草原和科尔沁草原地下生物量变化范围分别为每年 272~439 克碳 / 平方米、703~811 克碳 / 平方米和 310~377 克碳 / 平方米，地下生物量变化速率分别为每年 4.29 克碳 / 平方米、1.85 克碳 / 平方米、3.20 克碳 / 平方米。松嫩草原和呼伦贝尔的地下生物量均在 2012 年前呈现增加的趋势，在 2012 年后呈现下降的趋势。

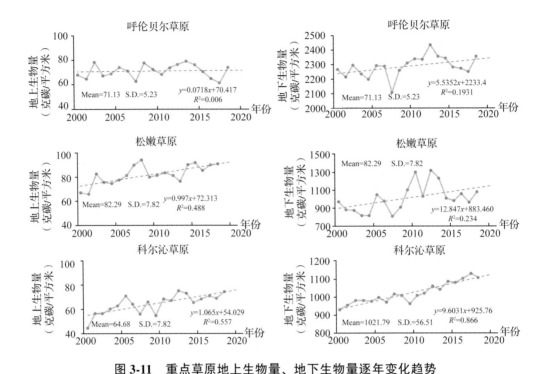

图 3-11   重点草原地上生物量、地下生物量逐年变化趋势

第四节   草原利用状况分析

一、天然草原利用情况

东北地区草原由于水土资源优越，在内蒙古东部、松嫩平原等水热条件较好的地段，历史上有生长季末打储草用于冷季舍饲的习惯。20 世纪 80 年代以来，随着牧民定居，草原畜牧业由全年放牧向夏季放牧+冬季舍饲过渡，20 世纪末基本实现了基于草原承包制度的牧民定居，天然草原打草利用的面积也迅速扩大，和放牧一样成为天然草原的主要利用方式。

东北地区是我国北方天然打草场的主要分布区。结合实地调研和遥感影像，对东北地区天然打草场和放牧场的数量、分布、生产能力与退化状况进行了系统调查，草原利用空间分布状况如图 3-12。东北地区天然草原放牧利用占草原总面积的 78%、打草利用占总面积的 22%。按区域看，内蒙古东部四盟市天然草原以放牧利用为主，83% 的草原为放牧场，17% 为打草场，其中呼伦贝尔草原、科尔沁草原天然打草场面积分别为 3391 万亩、1807 万亩，占草原总面积比例分别为 28%、12%；吉林省草原放牧面

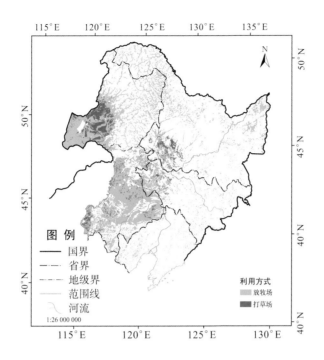

图 3-12　东北地区草原天然打草场和放牧场分布状况

积也比较大，占 77.5%，天然打草场面积 465 万亩，占草原面积 22.5%。黑龙江省天然草原以打草利用为主，打草场面积 1255 万亩，占草原面积的 52.5%。

二、重点草原区草原利用状况

（一）内蒙古东部地区草原利用特征

内蒙古东部沿着大兴安岭西麓，从北到南分别是呼伦贝尔草原和科尔沁草原。呼伦贝尔草原是中国温带草甸草原分布最集中、最具代表性的地区，天然草原总面积 1.3 亿亩，主要建群植物为羊草、大针茅、冰草、早熟禾、麻花头、羊茅、隐子草、贝加尔针茅、胡枝子、线叶菊、无芒雀麦、拂子茅、柴胡、小叶锦鸡儿等。由于草原生产力高、气候寒冷，并受到俄罗斯的影响，自 20 世纪初期就有打草过冬的习惯。目前呼伦贝尔草原牧区放牧场占草原总面积的 72%，打草场占草原总面积的 28%，是半干旱区草原打草利用占比最高的地区。打草场主要分布在地势比较平缓的典型草原、温性草甸和低地草甸和山地草甸，每个草原类型所占该区域打草场草原面积的比例分别为 39%、45%、14% 和 2%。

科尔沁草原分布在内蒙古自治区的东部，包括整个兴安盟、通辽市、赤峰市的一部分。天然草原总面积 1.9 亿亩，其中 88% 为放牧场，天然打草场一般分布于大兴安岭东南麓北部山地和平原丘陵一带的草甸草原和典型草原，主要建群植物以贝加尔针茅、大针茅、多叶隐子草、日荫营、羊草、达乌里胡枝子等为主。其中兴安盟草原打草场面积 601 万亩，占草原总面积的 15.5%，分布区域包括克什克腾旗、巴林左旗、阿鲁科尔沁旗、扎鲁特旗、科尔沁右翼中旗、科尔沁右翼前旗等。通辽市牧区打草场面积 557 万亩，占草原总面积的 10.2%，分布区域包括霍林郭勒市、开鲁县、库伦旗、奈曼旗、扎鲁特旗、科尔沁左翼中旗和科尔沁左翼后旗；赤峰市天然打草场面积 650 万亩，占草原总面积的 10%，分布区域包括林西县、喀喇沁旗、翁牛特旗、敖汉旗、巴林左旗、巴林右旗、克什克腾旗和阿鲁科尔沁旗。

（二）松嫩平原草原区草原利用特征

松嫩平原位于我国东北地区中部区域，地处中国湿润季风区与内陆干旱区之间的过渡带，属于半干旱半湿润气候，为气候变化敏感区。松嫩平原草原区横跨黑龙江、吉林两省，草原面积 3.6 万平方千米，地带性植被有草甸草原和典型草原，非地带性植被羊草草甸的面积较大，优势植物以中旱生根茎植物和丛生禾草为主。松嫩草原接近东北农区，有较长的打草越冬历史，目前草原打草利用面积 40% 左右，60% 用于家畜放牧。

松嫩草原北部位于黑龙江省，是我国打草利用程度最高的地区，打草场占草原总面积的 52.5%，其中固定打草场面积占 42.6%。草原类型以平原丘陵草甸草原、低湿地草甸类和盐化草甸类为主，羊草、野古草、糙隐子草、贝加尔针茅、线叶菊、冰草、修氏薹草、三棱草、小叶章、剪股颖等为主要优势种和亚优势种、伴生种，分布区域主要分布在齐齐哈尔市、大庆市和绥化市，包括龙江县、富裕县、泰来县、肇州县、肇源县、林甸县、杜尔伯特县、安达县、肇东县、兰西县、青冈县和明水县。

松嫩草原南部位于吉林省，天然打草场面积 465 万亩，占草原面积的 22.5%，其中固定打草场面积占 31%。植被类型以平原丘陵草甸草原、盐化草甸类和草甸草原类为主，主要的植物群落有羊草群落、羊草-杂类草群落、糙隐子草-杂类草群落、虎尾草-角碱蓬群落、芦苇-杂类草群落，优势种包括羊草、野古草、大油芒、牛鞭草、五脉山黧豆、地榆、蔓委陵菜和一年生杂草中的野稗等。天然打草场主要分布在四平市、松原市和白城市，包括双辽县、前郭尔罗斯县、乾安县、长岭县、镇赉县、大安县、洮南县和通榆县。

三、重点草原区天然打草场的退化状况

众所周知，家畜放牧导致的草原退化带来严重的环境问题，但是对打草场退化机理于程度认识不足。"十三五"期间，针对东北地区草原天然打草场退化开展了调研，结果表明内蒙古东部以及黑龙江、吉林天然打草场产草量分别为 125 千克/亩、140 千克/亩、120 千克/亩，均低于本区域草原平均产草量（分别为 140 千克/亩、162 千克/亩、146 千克/亩），说明这些区域天然打草场发生了比较普遍的严重退化，其中尤其以内蒙古呼伦贝尔、黑龙江长期固定打草场的产量最低，分别为 112 千克/亩和 97 千克/亩。呼伦贝尔草原在历史上以水草丰美著称，黑龙江也是产量最高的温性草甸草原的主要分布区，本应是产量最高的天然草原。由于与俄罗斯毗邻，内蒙古呼伦贝尔和黑龙江自 20 世纪初期在白俄罗斯的影响下开始打草，打草历史将近百年。内蒙古中部、吉林等地大部分天然打草场是 20 世纪 80 年代定居工程以后才开始打草利用的。可以推断，长期打草历史是呼伦贝尔、黑龙江天然打草场产草量倒挂的主要原因。

在呼伦贝尔地区，不同区域天然打草场的产草量从 63 千克/亩到 213 千克/亩不等。以海拉尔区为例，4 个样地的平均产草量为 124 千克/亩，羊草产量 18 千克/亩，占总产草量的 15%，该区域围栏封育样地 2013 年产草量为 180 千克/亩，羊草产量为 108 千克/亩，占总产草量的 56%，总产量和羊草产草量分别降低了 31% 和 83%，表明已发生逆行演替，造成了一定程度的退化现象发生。

在科尔沁草原区，天然打草场总产草量在 102 千克/亩到 245 千克/亩之间。现存打草场品质较好的地区总产草量达 224 千克/亩，羊草产量为 176 千克/亩，占总产草量的 78%，可视为未退化的优质草场。科尔沁左翼中旗、后旗植物偏中生，拂子茅和芦苇等为建群种和共建种，产量虽然较高，但饲用价值较低。扎鲁特旗打草场产草量均较高，平均在 200 千克/亩以上，分为两个类型：一类以羊草为建群种的优质草场，羊草比例在 70% 以上；另外一类同样以莎草、拂子茅、芦苇或水麦冬建群的草场，饲用价值明显低于羊草草原。

在黑龙江地区，所有天然打草场利用程度都较高且出现了一定的退

化。其中，轻度退化草场平均产草量为 130 千克/亩，羊草产量为 92 千克/亩，羊草产量占总产量的 69%；中度退化草场平均产草量 69 千克/亩，羊草产量 46 千克/亩，羊草产量占总产量的 67%。该区域顶级群落产草量大约为 230 千克/亩，羊草比重为 60%~70%。表明本区域的轻度和中度退化仅仅是从产草量上出发的，优质牧草比例——羊草占总产草量的比例基本相同，也印证了羊草耐盐碱的特性。

在吉林地区，天然打草场利用程度也都较高，退化现象较为明显。虽然平均总产草量在所有调查区域内最高，但由于该区域为优质羊草草原，在 20 世纪末的几年间作为商品草出口日本，每公顷产出干草 3 吨以上（相当于 200 千克/亩，有留茬），且羊草比例在 70% 以上。而目前羊草比例下降到 54%，总产草量也下降到 170 千克/亩以下（齐地面剪割），该区域打草场面临的最主要问题是该地区盐碱化越来越严重，牧草质量和产量都会受到较大影响。

通过对不同退化程度天然打草场的土壤养分进行了分析，结果显示，土壤有机碳和养分随着退化程度增加而降低。轻度、中度、重度退化的打草场表层土壤有机碳分别为 23 克/千克、20 克/千克和 13 克/千克，土壤全氮为 1.9 克/千克、1.6 克/千克和 1.0 克/千克，土壤全磷为 0.38 克/千克、0.35 克/千克和 0.25 克/千克。据研究，羊草草原每年吸收的营养元素总量为 2.7 千克/亩，以枯落物和留茬形式残留的营养元素量为 0.7 千克/亩，但要经过微生物分解归还给草原的量只有 0.3 千克/亩。年复一年的刈割会带走土壤中的大量营养成分，使割草草原营养元素日益贫乏，最终影响天然打草场的生产能力。

综上所述，东北地区天然打草场的退化状况被严重低估。天然打草场退化机理与放牧退化不同，多呈现隐性退化，即生长季节天然打草场的草原从群落高度、盖度、产草量到物种表观上都优于放牧场，天然打草场退化不像放牧退化那么容易观察到，短期甚至十几年连续打草都不会表现出明显变化。随着长期打草、养分逐年被从生态系统中带走，土壤种子库减少、土壤养分贫瘠、土壤物理结构改变、群落物种多样性降低，这些变化都很难用肉眼观察到，导致以往对打草场退化没有充分的估计。更严峻的是，土壤种子库、土壤养分、土壤物理结构、物种多样性，这些变化都不可能靠自然恢复得到缓解，而必须通过人工干预的方式促进恢复。

第四章 典型草原生态系统变化动态分析

草原生态系统生产力高低直接决定着草原的载畜量，是实现畜牧业可持续发展的核心议题，在评估草原退化程度，指示草原恢复措施中具有关键作用。物种多样性可以增加生态系统的抗干扰力，提高生态系统的稳定性。物种多样性对生态系统功能的影响是当前生态学领域中最为重大的科学问题，生物多样性的价值也是生态系统服务评估中的关键内容。因此为了更好评估东北地区草原的生态系统动态变化，基于分布在三个重点草原区域的长期野外观测研究站点的数据，对呼伦贝尔草原、松嫩草原北部和松嫩草原南部的草原净初级生产力(产草量)及植物多样性的动态变化进行分析。

第一节 呼伦贝尔草原(呼伦贝尔站)

一、呼伦贝尔站简介

呼伦贝尔站所在区域是欧亚大陆温性草甸草原分布最集中、最具代表性的地区。作为国家重点站，呼伦贝尔站的任务是立足于现代草原生态学术前沿，引领全国乃至国际同行开展呼伦贝尔草原长期观测研究。台站定位是：开展草原生态系统长期定位观测，获取呼伦贝尔草原生态系统变化的第一手资料；基于长期定位实验，认识自然与人为干扰下草原生态系统响应规律，开展草原生态学科前沿探索；面向国家和区域草原生态产业发展需求，创新草牧业关键技术，通过科技成果示范与技术咨询服务，支撑区域生态安全和经济发展；建立开放、共享的野外实验平台，形成区域草原生态创新研究中心、交流合作中心和人才培养基地。由于呼伦贝尔草原独特的地理区域特征、典型的生态系统特征、相对先进集约的生产经营方式，以及相对保存完好的原生自然环境，是研究草原生态系统各种自然过程以及人类活动影响、开展草业生态和生产综合研究最理想的综合生态单元。因此，在呼伦贝尔草原区尤其是草甸草原区开展生态系统长期定位观测研究，不但对于草原生态学长期研究具有重要意义，对于我国北方生态环境建设和畜牧业生产发展也有重要的科学支持作用。

呼伦贝尔站建有完善的长期观测样地和长期实验平台。观测活动包括常规生态观测、专项及实验观测和区域背景定期监测。长期生态观测主要包括呼伦贝尔主要草原类型的生物、水文、土壤和气象要素观测。基于 5 个草原类型、7 个长期草原生态系统标准观测样地，以半个月为步长，在生长季(5~10 月)每月开展两次群落结构、生物量、牧草养分观测，每周开展优势种和关键物种物候观测；土壤观测和水分观测方面，与植物群落观测同步，开展土壤理化特性、水质状况等指标观测；气象观测方面，自动气象站每月月底定期下载，人工气象由气象观测员每天按早(8:00)、中(14:00)、晚(20:00)三次进行观测，及时完成电子化，并与自动气象站数据进行对比。呼伦贝尔专项观测主要包括草原生态遥感专项观测、碳水循环专项观测、人工草地专项观测和草地利用实验观测。其中草原生态遥感监测以生态遥感试验场为核心，开展星-机-地综合实验和多平台测量，获取叶面积指数、光合有效辐射吸收比例、优势物种光谱、植被高度、盖度、生物量、气溶胶光学厚度等地基遥感观测数据；基于地基无线传感器网络，连续获取草原水热环境和植被冠层参数。为了更好地进行碳水循环专项观测，呼伦贝尔站建立了覆盖呼伦贝尔及蒙古高原不同类型、不同利用方式的通量塔群(11 套)。并拟吸收其他合作单位的通量塔加入，对呼伦贝尔及蒙古高原两个不同尺度区域内的草原生态学系统开展全面观测，通量塔周边按照 FLUXNET 标准测量足迹范围内的植被和站点特征(例如土壤和土地利用)。在区域背景观测方面，呼伦贝尔站已经完成了呼伦贝尔不同时期背景数据采集，包括区域气候、土壤、植被、地形、水文、畜牧业及社会经济等数据。未来还将展开蒙古高原全境的资源环境和生物多样性调查，获取气候、土壤、水文、地形等环境要素以及动物、植物、微生物多样性的历史和现状调查。呼伦贝尔站还设计了一批国际标准的长期定位实验平台，在机理探索方面设置了长期放牧实验平台、长期刈割实验平台、气候变化实验平台，探索气候变化和人类活动对草原生态系统结构功能的影响。建站至今，呼伦贝尔站已采集观测数据 2000 余万条、土壤/植物样品 2.3 万余份、采集植物标本 1000 余种。

呼伦贝尔站入选国家站以来，充分利用标准化的观测数据，配合实物资源共享和技术人员服务，为开展草地长期生态学、草地遥感和草业实用技术等相关学科研究的高校和研究所提供了良好的支撑作用。基于系统完善的观测平台及数据资源，呼伦贝尔站积极参与国内外联网研究和科学计划，包括中国通量网（ChinaFlux）、国家高分遥感验证网络和全国物候观测网等国内组织，全球极端干旱研究网络、USCCC、美国宇航局和欧空局Landsat Sentinel-2/VENμS卫星国际验证等国际网络，并与美国国家生态观测站网络（NEON）、欧亚大陆北部地球科学合作计划（NEESPI）建立了长期合作关系。未来呼伦贝尔站将继续参与已经开展的国内外联网研究和科学计划，开展不同尺度的联网观测与研究。在呼伦贝尔地区，联合本区域及周边台站开展联网观测与动态评估，为呼伦贝尔及东北地区的生态建设和生产发展发挥支撑作用；在全国尺度，依托草原监测与数字草业国家创新联盟，与其他草原生态系统兄弟站和卫星地面站，开展草原监测与生态价值评估，服务于全国草原生态监测评估与管理；利用呼伦贝尔站实验平台，积极牵头和参与"极端干旱研究网络""放牧系统研究网络""中美碳联盟"等国内国际学术组织，拓展研究领域。

二、呼伦贝尔草原产草量变化

为了研究呼伦贝尔草原产草量变化趋势，在内蒙古呼伦贝尔草原生态系统国家野外科学观测研究站选择了三个长期监测样地，分析了地上生物量多年变化情况（图4-1）。三个长期监测样地包括草甸草原放牧样地、典型草原放牧样地和草甸草原围封样地。

草甸草原放牧样地1985—2020年的平均地上生物量约为139克/平方米，不同年份的生物量差距较大，从62克/平方米到190克/平方米不等，但整体上呈现下降趋势（$y = -20.8x + 208.3$，$R^2 = 0.57$）。尤其进入2010年后，地上生物量急速下降，并于2015年达到最低值62克/平方米，与1985年相比减少了62%（图4-1a）。前20年放牧并没有对地上生物量产生显著的影响，随着放牧年限的积累和2010—2020年温度的升高和降水的减少，地上生物量下降超过了50%。

典型草原放牧样地1985—2020年的平均地上生物量约为114克/平方米，比草甸草原约低18%。地上生物量整体上呈现先下降后上升的趋势，2005年达到最低值，地上生物量为80克/平方米，2015年达到最大值，地上生物量为147克/平方米（图4-1b），但比较1985年和2020年的地上生物量，两者并没有显著差异。因此，典型草原长达 35 年的放牧并没有导致地上生物量的下降，说明如果放牧强度合理，长期放牧并不会造成草原的退化。

草甸草原围封样地 2007—2020 年的平均地上生物量约为 333 克/平方米，随着围封年限增加地上生物量呈上升趋势（$y = 32.57x + 88.57$，$R^2 = 0.328$）（图 4-1c），2007 年地上生物量为 102 克/平方米，2020 年增长至 602 克/平方米。这些结果说明围封保育是草原生产力提高的有效方式。不过，本样地围封时间只有 14 年，以往的研究表明长期的围封也可能造成生产力的下降，尤其是可能会导致生物多样性和生态系统稳定性的下降。

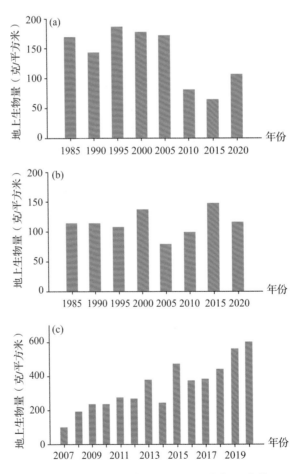

图 4-1　呼伦贝尔草原地上生物量年际变化

a. 草甸草原放牧样地；b. 典型草原放牧样地；c. 草甸草原围封样地。数据来自内蒙古呼伦贝尔草原生态系统野外科学观测研究站，采用常规观测技术对草原群落特征及结构变化进行定期监测

三、呼伦贝尔草原群落结构变化

为了研究呼伦贝尔草原群落结构变化情况，我们分析了草甸草原放牧样地、典型草原放牧样地和草甸草原围封样地三个长期监测样地植物物种丰富度的变化、植物功能群变化和水分生态型变化。

(一)植物物种丰富度变化

草甸草原放牧样地物种丰富度在1985—2020年呈现先降低后增加又降低的趋势（图4-2a），虽然存在波动，但年际间物种丰富度变化幅度不大，期间最大值出现在2010年，在1米×1米的样方内，物种数为18.7种；最小

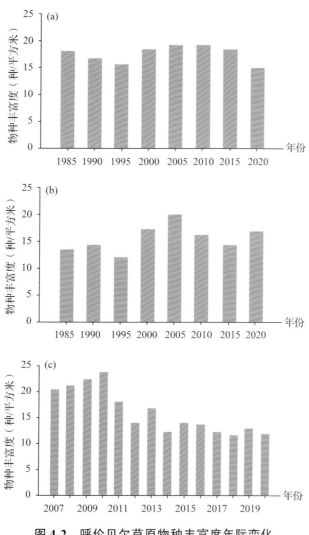

图4-2 呼伦贝尔草原物种丰富度年际变化

a. 草甸草原放牧；b. 典型草原放牧；c. 围封草原

值出现在 2020 年，物种数为 15.2 种，两者相差 3.2 种。这说明放牧虽然显著降低了草原的生产力，但是并没有显著降低草原的物种丰富度，主要是因为放牧通过降低生产力和盖度，降低了物种间的竞争，从而为更多物种提供了生存的空间。物种丰富度年际间的波动可能是每年的降水变化造成的。

典型草原放牧草原物种丰富度整体上呈现先上升后降低的趋势（图 4-2b），最大值出现在 2005 年，在 1 米×1 米的样方内，物种数为 19.8 种；最小值出现在 1995 年，物种数为 12.8 种，两者相差 7 种。与草甸草原放牧样地的情况类似，这种变化是放牧和年际间降水的波动造成的，放牧没有对物种丰富度造成显著的影响。

2007—2020 年围封样地共登记 29 科 76 属 114 种植物，其中豆科 7 属 11 种；禾本科 12 属 13 种；菊科 8 属 16 种；百合科 5 属 9 种；蔷薇科 3 属 7 种；十字花科 5 属 5 种；毛茛科 3 属 4 种，其他科属植物物种较少。样地围封后，物种丰富度在 2007—2010 年呈现增加趋势，2010 年后呈下降趋势（图 4-2c）。2007 年开始围封，围封伊始，在 1 米×1 米的样方内，平均物种数为 20.2 种，2007—2010 年物种丰富度呈上升的趋势，2010 年每平方米的平均物种数量为 23.3 种，说明围封措施在初期对于物种丰富度的恢复有一定的作用。2010 年后物种丰富度整体呈下降趋势，2020 年下降到最小，每平方米物种数量为 11.8 种，这可能是物种密集程度增加后，物种间的竞争加剧导致的。

（二）呼伦贝尔草原植物功能群组成变化

草甸草原放牧样地植被主要由多年生根茎禾草、多年生丛生禾草、多年生苔草、杂类草、灌木及小半灌木及一、二年生草本组成，其中杂类草占比最大，约占群落生物量的 3/4（图 4-3a）。20 世纪 80 年代至 21 世纪初，一、二年生草本、杂类草和多年生根茎禾草呈增加趋势，其中杂类草增幅最大，由 73% 增加到 78%。多年生丛生禾草从 11% 下降到 7%，灌木及小半灌木从 6.3% 下降到 0.8%，几乎从群落中消失。这说明放牧会抑制草甸草原中灌木和小半灌木的生长，同时促进了其他功能群特别是杂类草的增长。

典型草原放牧样地植物功能群组成与典型草原类似，也是杂类草占比最大，不过占比要小于草甸草原，其他功能群相差不大（图 4-3b）。20 世纪 80 年代到 21 世纪初，一、二年生草本、灌木及小半灌木和多年生丛生禾草下降，杂类草和多年生苔草增加，而多年生根茎禾草基本保持不变。其中，杂类草增加最大，由 55% 增加到 69%，多年生丛生禾草从 13% 下降

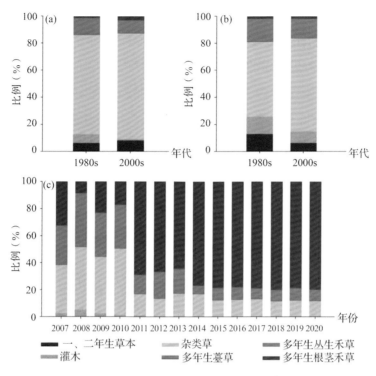

图 4-3 呼伦贝尔草原植物功能群组成年际变化

a. 放牧草甸草原；b. 放牧典型草原；c. 围封草甸草原

到 8%，一、二年生草本从 13% 下降到 6%，灌木及小半灌木从 13% 下降到 6%。放牧对典型草原植物功能群组成的影响与草甸草原非常类似，都增加了杂类草的占比，这可能是放牧时牲畜选择性取食所导致的。

草甸草原围封样地植被也是由多年生根茎禾草、多年生丛生禾草、多年生薹草、杂类草、灌木及一、二年生草本组成（图 4-3c）。从 2007—2020 年，植物群落最初是杂类草为主，占生物量的 36%~49%，多年生根茎禾草、多年生丛生禾草、多年生薹草比例都在 30% 以下，随着围封时间的增加，杂类草快速减少到 20% 以下，多年生薹草和灌木占比也呈下降趋势。多年生根茎禾草显著增加，从 2008 年的 9% 增加到 2020 年的 80%，说明围封能够大大促进多年生根茎禾草的生长，群落地上生物量的增加主要是因为多年生根茎禾草的增加，单种植物占绝对优势的群落造成了植物多样性的下降。

（三）呼伦贝尔草原植物水分生态型变化

依照植物对水分因子的生态适应能力可以将植物划分成不同的水分生态类型。呼伦贝尔草原植物主要划分为 4 个水分生态类型，分别是旱生型、旱中生型、中旱生型和中生型。其中中生型的种类最多，有 46 种，占物种总数的 40%；中旱生型次之，有 35 种，占 31%；旱生型及旱中生型共计 33 种，占 29%。

从 20 世纪 80 年代到 21 世纪初，草甸草原放牧样地旱生型植物所占比例由 45%下降到 23%，旱中生型和中旱生型植物变化不大，而中生型植物大幅增加，由 13%增加到 35%（图 4-4a）。旱生型植物的减少和中生型植物的增加说明土壤的水分条件在改善，不过这应该不是放牧影响的结果，因为放牧一般会降低土壤的水分条件。

典型草原放牧样地植物水分生态型以旱生型和中旱生型为主，这是由于典型草原的水分条件低于草甸草原。植物水分生态型变化与草甸草原存在很大差异，主要表现为中旱生型植物所占比例由 28%增加到 40%；中生型植物所占比例由 19%下降到 8%（图 4-4b）。这说明典型草原放牧样地的水分条件在变差，符合放牧降低土壤水分条件的研究结果。

草甸草原围封样地不同年限水分生态类型相对较为稳定（图 4-4c），旱生型植物占总生物量的 25%~32%；旱中生型植物占总生物量的 6%~9%；中旱生型植物占总生物量的 30%~36%；中生型植物占总生物量的 27%~

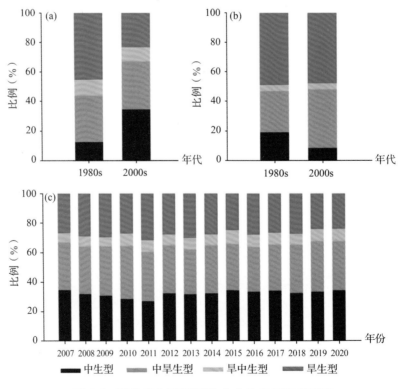

图 4-4 呼伦贝尔草原植物水分生态型年际变化

a. 放牧草甸草原；b. 放牧典型草原；c. 围封草原

35%。2007—2020 年长达 14 年的围封没有改变草甸草原围封样地植物水分生态类型的比例。

第二节　松嫩平原北部(兰西站)

兰西站位于松嫩平原北部边缘的温性草甸草原区，东经 125°28′24″、北纬 46°32′17″。该地区属大陆性季风气候，年降水量 470 毫米，年均气温 2.9℃；年积温 ≥10℃，活动积温 2760℃；年均日照时数 2713 小时；土壤为盐碱化草甸土，其土壤全盐量变化范围为 0.157% ~ 0.318%，土壤 pH 值在 8.12 ~ 10.08。作为区域定位站，兰西站立足于寒区草原生态观测，获取兰西草原生态系统变化的第一手资料；开展草原生态学科前沿探索，创新草牧业关键技术，通过科技成果示范与技术咨询服务，支撑区域生态安全和经济发展。

兰西站建有完善的长期观测样地和长期实验平台。拥有 1000 亩试验用地(土壤偏碱)，5000 亩围栏草原，300 亩建筑用地。基础设施有 400 平方米工作用房，500 平方米库房，5000 平方米晾晒场，2000 平方米的草产品贮藏棚。兰西站自开辟运行发展至今已有 12 个年头，期间承担完成了有关草原与草业的国家和省级部门的重要项目 10 余项，包括农业部公益性行业专项、农业部牧草体系试验示范项目、国家重点研发计划以及黑龙江省现代大农业示范项目。接待国家和省级有关部门领导及国内外知名草学专家、研究人员等 1300 多人次。先后与中国农业大学、兰州大学、甘肃农业大学、东北师范大学、内蒙古大学、内蒙古农业大学、东北农业大学等高等院校联合培养硕士和博士生。

通过多年探索研究已形成了以产业化为导向的高效牧草栽培生产系列技术、主栽牧草(苜蓿、羊草)高效生产集成示范技术、重要牧草种子规模化生产关键技术、天然羊草草原稳产与可持续利用示范技术、退化羊草草地增产增效改良研究与利用等技术。累计召开龙江草牧业各类培训会 63 次，成功举办 2 次国家牧草体系草堂哈尔滨会议，长期指导合作涉草企业和种植户 110 家，有力推动了龙江牧草产业的快速发展，取得了显著的社会经济效益。在草原保护与生态修复方面取得显著生态效益，通过开展人为辅助修复与自然恢复相结合的途径，辐射兰西县域草原进行生态保护与修复，促成了省级兰远自然保护区的成立，提高了当地百姓宜居的生态获得感，增强了地方政府的草原保护意识。

目前，兰西站正在执行农业农村部基础性长期性草地土壤植被监测任务，已连续 5 年按时监测和提交相关数据和报告。"十三五"期间又承担了国家重点研发计划有关退化草地监测与生态修复的研究任务。2018 年该基地又加入全球草地养分协作网，综合负责监测松嫩草甸草原生态系统土壤–植被–温室气体的动态变化。2019 年正式启动了黑龙江松嫩草原的季节性监测任务，以期同步全球联网监测进度。在保障粮食和生态安全新形势下，兰西站积极深入开展粮食主产区研究发展草地农业遇到的科学问题，回答和解决发展草地农业过程中所面临的具体问题。

为了研究放牧与打草对我国松嫩平原北部草原草产量影响的趋势，我们在位于松嫩平原北部的黑龙江科学试验基地（兰西站）设置了两个长期监测样地，包括刈割样地和围封样地。

一、松嫩平原北部草原产草量变化

松嫩平原北部草原刈割样地 2009—2019 年的平均地上生物量约为 234 克/平方米，不同年份的地上生物量变化不大（图 4-5a）。围封样地 2009—2019 年的平均地上生物量约为 371 克/平方米，不同年份间生物量也没有显著差异（图 4-5b）。围封样地的地上生物量在观测期间均高于刈割样地。

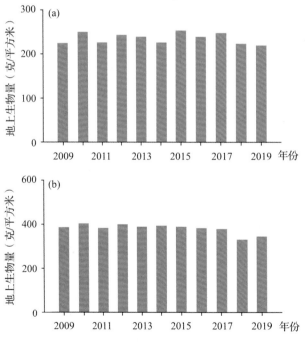

图 4-5　松嫩平原北部草原地上生物量年际变化

a. 刈割样地；b. 围封样地

虽然这种降低没有随着刈割时间的增加而产生累积效应，但是每年刈割导致地上生物量的降低量约是围封样地地上生物量的一半。为实现该区域畜牧业的长期发展，应减少刈割的量。

二、松嫩平原北部草原群落结构变化

通过调查放牧样地和刈割样地两个长期监测样地植物物种丰富度和植物功能群的变化，全面分析了松嫩平原北部草原群落结构的变化情况。

(一)物种丰富度变化

松嫩平原北部草原刈割样地物种丰富度在2009—2019年波动不大，平均约25种(图4-6a)。期间最大值出现在2016年，在1米×1米的样方内，物种数为27.7种；最小值出现在2012年，物种数为22.8种，两者仅相差4.9种。2009—2019年围封样地共登记11科、32种植物，其中，最多的为菊科11种，占34.4%；其次为禾本科和豆科，为6种和5种，分别占18.8%和15.6%；蓼科2种，占6.3%；藜科、莎草科、唇形科、百合科、车前科、毛茛科、蔷薇科、伞形科各1种，均占3.1%。围封样地物种丰富度从2009—2019年都呈降低趋势，从40余种降到30种左右

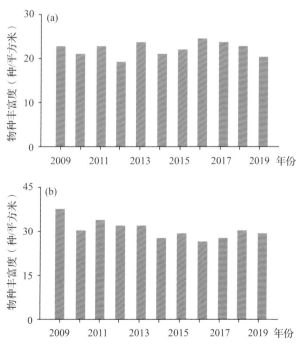

图4-6　松嫩平原北部草原物种丰富度年际变化

a. 刈割样地；b. 围封样地

（图 4-6b），最大值出现在 2009 年，而最小值出现在 2016 年。长期围封降低了该区域草原的物种多样性。围封虽然会增加植物的地上生物量，但是长期围封会通过光、水分及养分的限制导致许多稀有种丧失。而刈割能够解除围封对植物导致的以上限制，从而避免了物种多样性的下降。因此，结合合理地刈割和围封可能既有利于该地区畜牧业的发展也有利于草原的保护。

（二）植物功能群组成变化

松嫩平原北部草原植被主要由多年生根茎禾草、多年生丛生禾草、多年生杂类草、一年生植物组成。刈割样地在 2009—2019 年多年生根茎草和多年生杂类草均大约增加了 10%，而多年生丛生禾草和一、二年生植物呈现逐年减少的趋势（图 4-7a）。

与刈割相比，围封对草原功能群组成造成的影响较大。其中 2009 年群落四种功能群组分比例相当，但 2019 年群落主要由多年生杂类草为主，杂类草在 10 年内大约增加了 20%。多年生根茎禾草呈现先减少后增加的趋势，一、二年生植物略有减少，而多年生丛生禾草减少了近 15%。综上

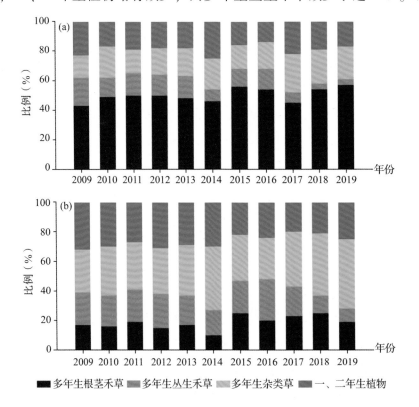

图 4-7 松嫩平原北部草原植物功能群组成年际变化

a. 刈割样地；b. 围封样地

所述，围封增加了杂类草的占比而降低了禾本科植物的占比。说明长期的围封也会导致草原的退化。

第三节　松嫩平原南部(长岭站)

一、长岭站简介

东北师范大学松嫩草原生态研究站始建于1980年，地处吉林省长岭县种马场境内(北纬44°45′、东经123°45′)，位于欧亚大陆草原东缘，为典型农牧交错区。该研究站处于温带半干旱、半湿润季风气候区，其气候为典型的大陆性季风气候，四季分明；春季干旱多风，夏季湿热多雨，秋季温和凉爽，冬季晴朗寒冷。年平均气温4.6～6.4℃，≥10℃积温为2500～3400℃，年平均降水量280～430毫米，主要集中在6～8月，年平均蒸发量1500～2000毫米。研究站所处的松嫩平原为冲积平原，海拔138～167米。土壤类型主要为淡黑钙土、草甸土、碱土、风沙土。草地土壤多呈现盐碱化，pH值为7.5～9.0。草地的主要植被类型为羊草草甸、羊草草甸草原与榆树疏林。

该研究站主要承担着有关草原生态学和草业科学领域的各项实验研究任务，强力支撑着草地科学研究所、植被生态教育部重点实验室和吉林省生态系统恢复与管理重点实验室的基础性与应用性研究，包括生态学的长期定位观测与控制实验、牧草品种选育与技术示范等。相继培养了一批批本科生、硕士研究生、博士研究生及博士后等各层次人员，为国家输送了大量草原生态学与草业科学领域的高质量人才。此外，该研究站也作为东北师范大学与其他院校的生态学、草业科学、生物学与环境科学专业的本科生野外实习基地。

该研究站拥有天然草地与农田，其中实验草地50公顷，实验农田7公顷。在天然草地上设立多个实验平台：长期放牧实验平台、全球气候变化实验平台(增温、CO_2升高、降水量变化等)、盐碱化草地恢复示范地。在实验农田里设立紫花苜蓿、羊草、罗布麻、燕麦、猫尾草、野豌豆、柳枝稷等种质资源圃、品系选育圃、生产示范田，以及人工放牧实验平台。在天然草地与实验农田上布设了诸多实验观测设施与仪器设备，包括红外增温设备、控制降水量设备、CO_2倍增气室、热浪模拟设施、涡度相关系统、全自动气候监测站等。建立了综合楼房1座(建筑面积1900平方米),其他房舍2栋。在综合楼内设有会议室、大型报告厅、实验室、仪器储备室等,并在外围配备相应的仓储设施。目前,本研究站已成为实验场地充足、仪器设备先进的高水平野外研究站。

作为欧亚大陆草原带东缘的草地野外研究基地,该研究站与国内外著名大学(马里兰大学、科罗拉多大学、霍恩海姆大学、北海道大学等)与科研机构(CSIRO可持续生态研究所、中国科学院植物研究所等)开展了广泛而深入的合作研究,包括共同开展实验设计、定位观测与数据分析,并在一些著名刊物上发表多篇重要研究论文。长岭站于2020年12月进入国家站,进入国家站以后长岭站将严格按照生态学观测标准,进行草原生态系统长期观测,为开展草地长期生态学、草地放牧生态学和牧草栽培育种等相关学科研究的高校和研究所提供了良好的支撑作用。基于系统完善的观测平台及数据资源,长岭站加入了中国通量网(China Flux)、全球极端干旱和养分添加研究网络等国际网络,并与美国、澳大利亚、以色列、德国、荷兰等国家建立了长期合作关系。未来,吉林松嫩草原生态系统国家野外科学观测研究站将通过持续监测草原生态系统结构和功能,培育抗逆牧草品种,研发退化草地恢复技术,探索草牧业新模式,服务国家生态文明建设和区域生态安全,为东北振兴和经济社会发展提供科技支撑。

二、松嫩平原南部草原产草量变化

为了研究松嫩平原南部草原产草量的变化趋势,在长岭县东北师范大学草原生态系统野外科学观测研究站以及松嫩草原生态系统教育部野外观测研究站综合观测场选择了两个长期监测样地,分析了地上生物量多年变化情况。两个长期监测样地包括放牧样地和围封样地。

松嫩平原南部放牧样地1983—2020年平均地上生物量为338克/平方米,整体呈现上升趋势(图4-8a),2008年之前的年平均地上生物量都在250克/平方米以下,随后在2013—2020年大幅增加,最大值则出现在2019年,超过了750克/平方米。这种地上生物量的增加,主要是降雨量的增加导致的。松嫩平原南部围封样地地上生物量也随年际间降雨量的变化而波动(图4-8b)。但与放牧样地相比,围封样地地上生物量年际间的波动较小,2006—2018年平均地上生物量为348克/平方米。由于家畜的采食,放牧样地在2006—2016年的生物量相比围封样地较低。但在

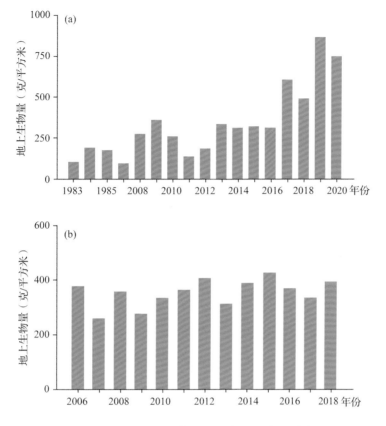

图 4-8　松嫩平原南部草原地上生物量年际变化

a. 放牧样地；b. 围封样地

2017—2020 年，放牧地的生物量已经超过围封样地。而在我们调查期间该区域的降雨量也在 2017—2018 年较高。因此，充沛的降雨量是草原维持载畜量的重要因子。

三、松嫩平原南部草原群落结构变化

（一）物种丰富度变化

松嫩平原南部放牧样地物种丰富度在 1985—2020 年整体上呈现先增加后减少的趋势。虽然存在波动，但年际间物种丰富度变化幅度不大。期间最大值出现在 2000 年，在 1 米×1 米的样方内，平均物种数为 17.8 种；最小值出现在 1995 年，平均物种数为 13.4 种，两者相差 4.4 种（图 4-9a）。说明放牧对物种丰富度的影响较小，物种丰富度的年际变化可能主要是年际间降雨的变化所致。

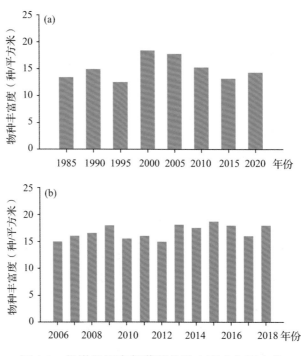

图 4-9　松嫩平原南部草原物种丰富度年际变化

a. 放牧样地；b. 围封样地

2006—2018 年围封样地共登记 36 科 112 属 162 种植物，最多的是菊科 38 种，占 24%；其次是豆科 18 种，占 11%；禾本科 17 种，占 10%；蔷薇科 11 种，占 6.8%；百合科 9 种，占 5.6%；唇形科 6 种，占 3.7%；伞形科和毛茛科各 5 种，占 3.1%；其他科属植物物种较少，占比在 1% 以下。从年际动态变化来看，2006—2018 年围封样地的物种丰富度变化不大，基本维持在 15 种左右（图 4-9b）。围封导致物种多样性的降低是由于植物生长旺盛而导致物种间资源的竞争，引起稀有物种的丧失所致。而围封对该区域物种丰富度影响较小的结果说明，该区域资源充足。

（二）植物功能群组成变化

松嫩平原南部草原放牧样地植被主要由多年生根茎或丛生型禾草（禾本科）、多年生或一年生豆类植物（豆科）、一年生或多年生菊科、藜科等杂类草，以及少量的灌木及小半灌木组成。与 20 世纪 80 年代相比，21 世纪初禾草、小灌木和豆科植物的占比降低，而杂类草的占比增加（图 4-10a）。

松嫩平原南部草原围封样地植被主要由多年生或一年生禾草，多年生

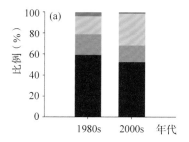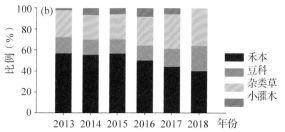

图 4-10 松嫩平原南部草原植物功能群组成年际变化

a. 放牧样地；b. 围封样地

或一年生豆科、一年生或多年生菊科、藜科等杂类草和少量小灌木组成。各植被功能群年际间变化表现为，禾本科植物比例呈降低趋势，与 2013 年相比，禾本科植物所占比例在 2018 年约降低了 20%。而杂类草比例呈现上升的趋势，所占比例约增加 10%。豆科类植物呈现先减少后增加的趋势。而小灌木则呈现先增加后减少的趋势 (图 4-10b)。放牧样地的结果与围封样地的结果相似，说明放牧对各功能群的占比影响较小，群落中各组分的变化主要是年际间气候变化所致。

(三) 植物水分生态型变化

根据植物对水分的需求可以将松嫩平原南部草原放牧样地和围封样地植物划分成 5 种不同的水分生态类型，为旱生型、中旱生型、中生型、湿中生型、湿生型。松嫩草原放牧样地中，旱生型和湿中生型植物所占比例有所下降，中生型、中旱生型和湿生型植物比例增加 (图 4-11a)。围封样地各水分生态类型的占比年际变化表现为旱生型和湿中生型植物所占比例逐年下降，而中生型、中旱生型和湿生型植物比例逐年增加 (图 4-11b)。

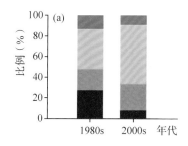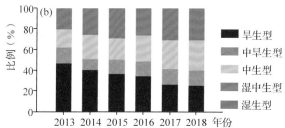

图 4-11 松嫩平原南部草原水分生态型组成年际变化

a. 放牧样地；b. 围封样地

结合放牧样地与围封样地一致的结果，说明与年际间降雨量及温度的变化相比，放牧对土壤水分的影响有限，不同水分生态型植物比例的变化可能是由于松嫩草甸草原温度的升高及降雨量的增加所致。

第四节　小　结

综上所述，长期放牧对我国东北地区草原的影响可能取决于气候因子和放牧强度。在松嫩平原南部草原，长期放牧大幅降低了植物的地上生物量。但是当降水量充沛时，放牧并未降低地上生物量。在降水量相对较少的呼伦贝尔草甸草原，长期自由放牧导致地上生物量的降低逐年累加。但是，在同样降雨条件下的呼伦贝尔典型草原，长达 35 年的放牧并没有降低地上生物量，因此，放牧强度应与气候条件相结合。在降雨量相对较小的地区，合理的放牧强度可能会有效避免生物量的降低。但是长期放牧没有降低呼伦贝尔草甸草原、典型草原和松嫩平原南部草原的物种丰富度，说明放牧对植物物种丰富度的影响较小。长期的刈割降低了植物的地上生物量。虽然这种降低没有随着刈割时间的增加而产生累积效应，但是每年刈割导致地上生物量的降低量约占围封样地地上生物量的一半。为实现该区域畜牧业的长期发展，应减少刈割的量。长期围封在有效增加地上生物量的同时却降低了物种的多样性。围封虽然会增加植物的地上生物量，但是长期围封会通过光、水分及养分的限制导致许多稀有种丧失。而放牧和刈割能够解除围封对植物导致的以上限制，从而避免了物种多样性的下降。因此，要平衡围封和利用，才能有效保护草原的结构和功能，也能够促进畜牧业的发展。长期放牧和刈割条件下各草原植物功能群组成及水分生态型组成的变化与长期围封的结果一致。说明长期放牧和刈割对草原的植物功能群组成及水分生态型组成的影响较小。植物功能群组成及水分生态型组成主要受到气候因子的调控。在温度和降雨量的影响下，我国东北地区草原的禾本科植物的占比均表现为逐年降低的趋势，而杂类草的占比均有逐年增加的趋势。水分生态型组成则表现为旱生型植物的占比均表现为逐年降低的趋势。

第五章　草原生态状况总体变化及影响因素分析

第一节　草原生态状况总体变化

本评估报告从气候、水系、植被生长、生态系统结构功能、人类活动影响等方面，综合评估了东北地区的草原变化，得出如下结论：

一、东北地区气候变化的突出特征是气温升高

1979 年以来，东北地区年平均气温呈现波动升高的趋势，升温幅度为 0.3℃/10 年，显著高于我国南方地区（0.20℃/10 年）的变暖趋势，其中 2007 年为年平均气温最高的一年，其值为 4.79℃，而年平均气温最低的一年为 1980 年，其值为 2.11℃，而 1 月、7 月年平均气温以及极端高温和极端低温均呈增加趋势。近 40 年东北地区平均年降水量为 541 毫米，最大值 693 毫米出现在 2013 年，最小值 429 毫米出现在 1999 年，年际间降水量波动很大，但多年间变化并不显著，总体呈现微弱增加的趋势，其中近 10 年是最湿润、升温较为平稳的 10 年。另外，降水变化具有显著的空间异质性，与东部农区降水波动上升不同，代表性草原区的降水量呈现逐渐降低的趋势，呼伦贝尔、松嫩和科尔沁降水量平均每年减少 0.41 毫米、1.67 毫米和 1.26 毫米，降水频率平均每 10 年减少 1 次。

二、东北地区主要水系年径流量波动下降

这是水循环对气候变暖和农业开发的响应。东北地区水循环变化的具体表现为，20 世纪中叶以来，额尔古纳河、松花江、嫩江和辽河等四大水系代表性河流的年径流量总体上波动下降，可以比较清晰地分为 4 个阶段：1980 年以前径流量呈小幅度波动下降，辽河在 1965 年以前波动态势

较其他三个河流更明显；1981—1999 年河流径流量呈现高位波动，1998年达到峰值，为历史上特大洪水年；2000—2012 年，河流径流量进入低位，其中额尔古纳河和辽河水系达到历史最低位，与 2000 年、2001 年及2004 年波及东北地区的特大干旱事件相关；近 10 年不同水系径流量均有所回升。东北地区的河流多发源于大兴安岭，河流径流由降水、冰雪融化和地下水三部分补给组成。河流径流年内分配变化大，有明显的丰、枯水季之分，每年 10 月下旬开始积雪，地表封冻，地表径流停止，江河结冰，河流径流进入稳定退水期。一般情况下，降水是决定地表径流量的最重要因子，地表径流量都是随降水量的增大而增大。东北地区年降水量受季风气候的影响极大，当东南季风强烈时，则该年降水量大，河流径流量也大，表现为丰水年。相反，东南季风微弱，相应河流径流量也小，表现为枯水年。本评估报告发现，河流径流年际变化与年降水波动正相关，而与流域年均气温多呈负相关。虽然整个东北地区的降水没有显著下降，但河流径流量表现出显著的波动下降趋势。其中原因可能有两个：一是气温上升增加蒸发，同时促进了植被生长，增加了植被水源涵养能力，减少径流；二是工农业开发及城市居民生活用水输出增加，减少径流。

三、草原面积大幅度减少

20 世纪 80 年代至今，东北地区草原面积从 37.1 万平方千米降低至21.3 万平方千米，减少 15.9 万平方千米，减幅 43%，面积减少主要发生在水分比较好的草原类型，如低地草甸、山地草甸和草甸草原，典型草原面积只有小幅度下降。从区域上看，内蒙古东部四盟市草原面积从 20 世纪 80 年代 25.1 万平方千米降低至 17.8 万平方千米，减少了 29%，其中呼伦贝尔市降幅 21%，科尔沁地区三盟市降幅约 36%。东北三省草原总面积从 12.2 万平方千米，降低至 3.5 万平方千米，降幅达 71%，其中黑龙江、吉林和辽宁草原分别减少了 68%、78%、73%。东北三省山地草甸基本全部消失，低地草甸、草甸草原降低幅度达到 60% 以上，大部分转化为耕地或建设用地。

东北地区 50% 的典型草原和草甸草原分布在呼伦贝尔草原、科尔沁草原和松嫩草原等三个重点草原区域。20 世纪 80 年代这三个重点草原区的草原面积 14.2 万平方千米，占整个东北草原区的 38%；2018 年三个草原区总面积 10.8 万平方千米，占整个东北草原区的 51%，总体下降幅度低于整个区域草原面积变化。松嫩草原面积从 20 世纪 80 年代的 2.3 万平方千米降低至 0.9 万平方千米，降幅 60%；科尔沁草原面积从 20 世纪 80 年代的 2.6 万平方千米降低至 1.5 万平方千米，降幅为 43%；科尔沁草原面积从 20 世纪 80 年代的 9 万平方千米降低至 8.3 万平方千米，降幅为 8%。

重点草原区草原面积的减少主要来源于较为湿润的草甸和草甸草原开垦，吉林西部、科尔沁和海拉尔沙地周边的草原沙化和盐渍化退化，此外，城镇面积也出现了大幅增加，包括工矿用地、建筑用地和居民地等对草原面积的占用和流转。呼伦贝尔草原区的草原面积增加，是以大面积湿地和小规模森林的流转为代价，并且一部分流转后的草原被人类活动开发所占用，呈现出片面性偏好草原生态系统的特点，不利于该区生态环境多样化的建设，也不利于当地生态系统的健康发展。

四、草原植被和生态系统功能呈波动上升趋势

大尺度上，结合遥感数据和地面调查，以植被生长（NDVI）和草原生物量为主要指标，发现 2000—2018 年东北地区草原植被生长整体上呈波动上升趋势。2000—2018 年东北地区内大部分地区草原生长状况基本稳定，约占东北地区 10% 的区域草原生长情况明显变好。年际波动方面，呼伦贝尔草原西南部变化最为剧烈，变异系数达到 0.3~0.4，说明此区域草原生长状况波动较大；科尔沁草原的中部及西辽河平原变异较为明显，变异系数为 0.2~0.3；其他地区年际波动较小。东北地区草原地上及地下生物量每 10 年分别增长 0.4 千克/公顷和 1.7 千克/公顷，呈增长趋势的草原分别占 84% 和 75%。在干旱条件下，植物需要发育的根系来获得水分，因此更多的生物量分配到地下部分，在水分充足的条件下，植被不需要如此发达的根系来获得足够的水分，而是需要更多的叶片来进行光合作用，因此更多的生物量被分配到地上部分。植物的这种协调生长的机制使得地上生物量和地下生物量变化趋势空间格局不完全一致。东北地区地上生物量呈减少趋势的草原主要分布在呼伦贝尔及黑龙江省的大兴安岭地区，地下生物量呈减少趋势的草原主要分布在吉林省西部。此外，科尔沁西南部部分草原的地上及地下生物量均呈现下降的趋势。

在台站尺度上，呼伦贝尔站、长岭站、兰西站三个站的长期观测资料

分析显示，在降雨量充沛的松嫩平原南部草原地上生物量呈逐年增加的趋势。这种增加的趋势甚至没有被长期的放牧和刈割而影响。在降雨量较小的呼伦贝尔草原，围封样地中植物的地上生物量也呈逐年增加的趋势。然而，由于长期的放牧该地区草甸草原地上生物量的降低逐年累加。我国东北地区草原物种多样性在多年检测中的变化不大。在调查的三个站点中，除呼伦贝尔围封样地中物种丰富度呈逐年下降趋势外，物种丰富度在年际间均无明显波动。然而，物种丰富度却受到长期刈割的影响。如在呼伦贝尔地区，长期刈割降低了物种的丰富度。但是在降雨量较多、物种生长密集的松嫩平原南部草原，长期刈割反而增加了物种的丰富度。植物功能群组成及水分生态型组成对长期放牧和刈割的响应不大，其主要受到气候因子的调控。在温度和降雨的影响下，我国东北地区草原的禾本科植物的占比均表现为随时间增加而降低的趋势，而杂类草的占比均有增加的趋势。水分生态型组成表现为旱生型植物的占比均有降低趋势。

五、草原利用强度大，退化形势依然严峻

东北地区气候寒冷，无霜期短，每年只有 4~5 个月可以放牧，黑龙江和呼伦贝尔历史上形成了冬季割草舍饲的习惯，割草利用方式对草原和家畜生产有很大影响。东北地区是我国北方天然打草场的主要分布区，天然草原放牧利用占草原总面积的 78%、打草利用占总面积的 22%。其中内蒙古东部四盟市天然草原以放牧利用为主，打草场占草原总面积的 17%；吉林省草原放牧面积也比较大，天然打草场面积 465 万亩，占草原面积 22.5%。黑龙江省天然草原以打草利用为主，打草场面积 1255 万亩，占草原面积的 52.5%。黑龙江和呼伦贝尔草原天然割草原大部分已经有 30 年以上的连年刈割历史，割草原比放牧地退化更为严峻。但是，目前对割草场退化状况之严峻认识不足。放牧退化因为家畜采食，在短期内草原产草量和物种组成迅速下降，所以放牧退化是显性的、易于发现和探测。而割草场在短期甚至十几年连续割草都不会表现出产草量明显下降，割草场退化比放牧场退化缓慢，夏季割草场也会保持一定的草群高度，相对于放牧引起的植被覆盖度变化，天然割草场的退化经常被忽视，造成割草场没有严重退化的错觉。事实上，长期连续割草可能引起比放牧更严重、难以恢复的退化。放牧过程通过家畜粪尿促成养分周转，放牧退化草原可以通

过围栏封育、草畜平衡进行自然恢复；而长期割草会逐渐抽空土壤养分库和种子库，呼伦贝尔的研究表明，长期打草可使土壤种子库下降30%以上，同时造成土壤极度贫乏，因此割草原退化缓慢、隐性却难以自然恢复。

20世纪80年代以来，在经济发展和人口增加的双重压力下，东北地区的资源消耗逐年加大，农田、城镇面积迅速增加，草原超载放牧造成的植被退化、土壤沙化及不合理开垦草原所带来的土地退化和沙地的沙漠化等环境问题，形成对畜牧业生产和经济社会发展的严重限制。据有关资料显示，1980—2018年东北草原沙漠化土地扩展有所控制，但总体面积仍然较大，尤其是1995—2000年，草原沙化面积增加了2500平方千米。近10年草原沙化面积趋于稳定(约1.35万平方千米)。在内蒙古，从东至西全区草原都面临着严重退化沙化的问题。自治区东北部呼伦贝尔草原沙化面积近133.3万公顷，草原沙化成为直接影响呼伦贝尔生态环境的重要指标。在沙漠化加剧过程中，草原开垦是呼伦贝尔草原沙漠化的最主要人为因素之一。此外，草原局部严重超载过牧、工业破坏、旅游开发，都在一定程度上造成草原面积变化和植被退化。2011年草原生态奖补机制实施以来，虽然东北地区重点草原区生态环境有向好发展的趋势，但是草原生态环境的修复过程是一个持续的动态调整过程，需要与时俱进，制定合理的、动态的生态环境修复办法，逐步实现草原退化现状的改善。

第二节　气候变化和人类活动对草原生态系统的影响

一、东北地区的人类活动强度变化

从1986—2019年，东北地区人口数总体呈增加趋势，可以分为两个阶段：1986—2013年，人口数逐年递增，但增加速率渐渐放缓，到2013年达到人口数峰值(12133万人)；2013年后，人口数开始逐年降低，且降低速率有逐渐加快的趋势，从最初的减少不到1万人(2013—2014年)增加到减少超过40万人(2018—2019年)(图5-1a)。

从1988—2019年，东北地区GDP总体呈增加趋势，可以大体分为三个阶段：1988—2010年，GDP逐年递增，且增加速率也逐渐加快；而

2011—2015 年，GDP 虽然也在逐年增加，但是增加速率逐渐放缓，于 2015 年达到 GDP 峰值(63653 亿元)；2015 年后，东北地区总 GDP 出现波动降低的迹象(图 5-1b)。

从 1986—2016 年，东北地区总的牲畜数量总体呈增加趋势，可以大体分为一个时间点和三个阶段：1986—1996 年，牲畜数量逐年递增，其中 1986—1993 年缓慢增加，1993—1996 年快速增加；但 1996—1997 年，牲畜数量出现了一个明显的跌落；1997 年后，牲畜数量呈"S"形再次增加，直到 2006 年，达到近 40 年牲畜数量峰值(12930 万羊单位)；2006 年后，牲畜数量出现波动下降趋势，到 2016 年，牲畜数量降低至 11464 万羊单位(图 5-1c)。

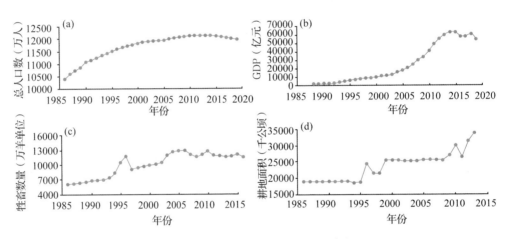

图 5-1　东北地区人类活动强度变化

a. 东北地区总人口数年际变化；b. 东北地区 GDP 年际变化；c. 东北地区牲畜数量年际变化；
d. 东北地区耕地面积年际变化

从 1986—2013 年，东北地区总的耕地面积总体呈增加趋势，可以大体分为四个阶段：1986—1995 年，耕地面积稳定，有微弱地降低，但总体在 18800 千公顷上下 1% 范围内波动；1995—1999 年，耕地面积剧烈地波动增加，虽然 1996—1997 年耕地面积降低了约 3000 千公顷，但 1995—1996 年以及 1998—1999 年的耕地面积增加，还是使得东北地区的总耕地面积提高了近 50%(18800 千公顷到 25500 千公顷)；1999 年后，东北地区耕地面积再次进入稳定阶段，总体在 25500 千公顷上下 0.5% 范围内波动，直到 2008 年；2008—2013 年，耕地面积再次剧烈地波动增加，虽然 2010—2011 年耕地面积降低了约 4000 千公顷，但 2008—2010 年以及

2011—2013 年的耕地面积增加还是使得总的耕地面积提升了超过 30%（图 5-1d）。

东北地区草原的总人口数量变化如图 5-2。科尔沁草原的人口数量除在 1985—1987 年有波动外，整体上呈缓慢上升趋势。由 1985 年的 216 万增长到 2016 年的 252 万，但增幅不大，仅增加了 17%。对比 1985 年和 2016 年松嫩草原和呼伦贝尔草原的总人口数没有增加，但在 1985—2016 年期间，总人口数的变化十分波动。其中松嫩草原分别在 1985—1988 年、1989—1993 年、1999—2001 年和 2003—2010 年总人口呈增加趋势，但在随后的年份大幅下降至 1985 年的水平。2013 年以后总人口数虽有所增加，但 2016 年的总人口数与 1985 年的相当。呼伦贝尔草原的总人口数在 1985—1999 年间呈上升趋势，由 1985 年的 118 万增长至 1999 年的 136 万。随后至 2009 年总人口数没有明显变化。2010 年总人口数大幅上升至 147 万后，又大幅下降至 2016 年的 119 万人。综上所述，东北地区草原的总人口数在 1985—2016 年间虽有波动，但总人口数量对比 1985 年变化不大。

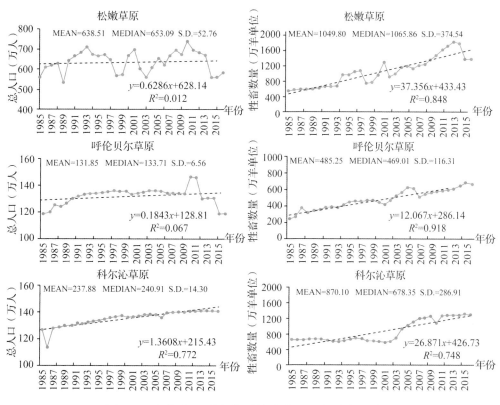

图 5-2　东北地区重点草原的总人口和牲畜数量变化

东北地区草原的牲畜密度变化如图 5-2。松嫩草原、呼伦贝尔草原和科尔沁草原 1985—2016 年牲畜数量整体上均呈现增加的趋势。松嫩草原的涨幅最为明显，每年约 37 万羊单位，由 1985 年的 541 万增加到 2013 年的 1813 万，增长了近 1300 万羊单位，2013 年后，松嫩草原的牲畜数量略有下降，2016 年下降为 1281 万羊单位。科尔沁草原每年约增长 27 万羊单位，22 年间从 651 万增长到 1295 万羊单位，增长了近一倍。三个重点草原中，呼伦贝尔草原的牲畜数量最少，增长幅度也最低，但一直呈现增长趋势，由 1985 年的 244 万增长到 2016 年的 670 万羊单位，年均增长 12 万羊单位。

综上所述，我国东北地区的总人口数变化不大，其中辽宁、吉林和黑龙江的人口总数虽有小幅增加，但增幅不大。而呼伦贝尔和科尔沁的总人口数基本没有变化。该区域重点草原的总人口数也表现出相同的趋势。虽波动较大，但除了科尔沁草原的总人口数有小幅增加外，总人口数没有增加。我国东北地区的 GDP 呈逐年增加趋势，其中辽宁、吉林和黑龙江的 GDP 大幅增加。而内蒙古东部地区的 GDP 增幅不大。内蒙古东部重点草原的牲畜数量有逐年增加的趋势，而辽宁、吉林和黑龙江的牲畜数量呈下降趋势。

二、气候和人为因素对草原生物量的影响

工业革命以来，随着经济的快速发展，人类活动增强，全球气候发生了很大的变化。例如温度的升高、降雨格局和频次的改变，导致热浪、极端降雨和极端干旱等不良气候事件频发。此外，随着矿物燃料燃烧、化学氮肥的生产和使用。大气中排放的活性氮化合物激增，导致大气氮素沉降呈迅猛增加的趋势。人类的活动还包括过度的放牧、打草以及农田的开垦等。这些人类的活动以及气候的变化深刻影响着草原生态系统的结构和功能。如极端干旱导致草原生产力下降、碳储量降低、物种丧失和群落结构的改变。氮沉降导致的土壤酸化和物种多样性下降。过度放牧、打草和农田开坑等草原的过度利用也导致了草原生产力下降、碳储量的降低、草原面积的减少、群落结构的改变等多种负面效应。更重要的是，这些由于气候和人类活动对草原生态系统的影响可能是逐年积累的，甚至会导致草原生态系统的结构和功能发生不可逆的变化，最终可能会引起草原的退化。在气候变化和人类活动加剧的背景下，需要应用合理的实验手段来制定有

效的草原保护措施。而应用长期、大区域尺度的观测实验能够全面地分析气候变化和人类活动对草原生态系统的影响。

　　为了探讨气候和人为因素对草原碳储量的影响，观测 2000—2016 年东北地区重点草原地上和地下生物量的变化，并收集了该地区牧区县和半牧区县每年的人口和牲畜总数。运用主成分分析（PCA）对研究区域所有的牧区及半牧区县进行分类，并运用广义线性模型（GLM）探讨每一类别中年均气温、年降水量、人口密度、牲畜密度对地上生物量和地下生物量的影响。地上生物量、地下生物量的数值来自第三章第三节的结果。将人口数和牲畜数除以相应的县域面积，得到人口密度（POP_D）和牲畜密度（LSK_D）。通过对环境变量进行主成分分析，研究区可分成四个区域，分别为呼伦贝尔草原、大兴安岭北部草原、大兴安岭西南部草原、松嫩草原和科尔沁草原（图 5-3）。对这四个区域分别进行气象要素及人类活动对生物量影响分析。

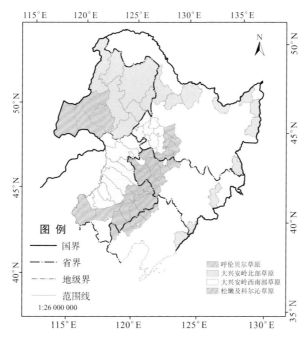

**图 5-3　影响东北地区草原地上/地下生物量的四个区域主成分
分析的空间分布情况**

　　一般线性分析表明，气候因子对东北地区的影响比人类活动因子重要得多。年均气温和年降水量分别解释了东北地区草原地上生物量 4% 和 37% 的变异，这表明降水是影响地上生物量最大的因素。年均气温对东北地区地下生物量的变异贡献率最高，达 67%，远高于年降水量 2.4% 的贡献率，表明年均气温是影响地下生物量的最重要因素。人口密度和牲畜密度对东北地区地上生物量变异的贡献率分别为 0.4% 和 2.5%，对地下生物量变异的东北地区贡献率分别为 1.1% 和 0.34%。比较两种人类活动因素，牲畜密度对东北地区地上生物量的影响更大，而人口密度对东北地区地下生物量的影响更显著。

呼伦贝尔草原温度较高而降水量较低，主要草原类型是典型草原，年均气温、年降水量、人口密度及牲畜密度分别能解释其地上生物量 0.3%、55.1%、0.5% 和 1.3% 的变化、解释其地下生物量 61.9%、14.4%、0.1% 和 0.3% 的变化。大兴安岭北部草原温度低、降雨量大，是草甸集中的地方。对大兴安岭北部草原，年均气温、年降水量、人口密度及牲畜密度分别能解释其地上生物量的 4.2%、8.5%、3.4% 和 0.6% 的变化；解释其地下生物量的 50.1%、1.3%、0.4%、1.7% 变化。大兴安岭西南部温度、湿度适中，草原类型以草甸草原为主。对大兴安岭西南部草原，年均气温、年降水量、人口密度及牲畜密度分别能解释其地上生物量的 1.6%、45.9%、0.9% 和 0.02% 的变化；解释其地下生物量的 30%、1.9%、2.2% 和 1.4% 的变化。科尔沁沙地和松嫩草原干旱少雨，大部分是典型草原，与其他地区相比，该地区还具有较高的人口密度和牲畜密度。对科尔沁沙地和松嫩草原，年均气温、年降水量、人口密度及牲畜密度分别能解释其地上生物量的 1.9%、23.3%、12.4% 和 0.1% 的变化；解释其地下生物量的 1.9%、6.1%、0.13% 和 4.7% 的变化。

综上所述，对处于生长季高峰的东北地区草原，气候变化是限制其碳储量的主要因子，而人类活动对草原碳储量的影响很小。其中，降水的不足是地上生物量的主要限制因素，而温度的升高是地下生物量的主要限制因素。

第六章 东北地区草原生态建设对策与建议

东北地区(东北三省和内蒙古自治区东部四盟市)是我国物产最为丰富的地方之一，茂密的森林、辽阔的草原、肥沃的黑土地，历史上形成了多元而统一的民族文化格局，高句丽、慕容鲜卑(前燕)、拓跋鲜卑(北魏)、黑水靺鞨、蒙古、契丹(辽)、女真(金)等民族先后在这里繁衍，东部渔猎文明、西部游牧文明和中部农业文明在这里发展交汇，形成了多样的社会经济和生产发展模式。距今十万至五万年前的人类原始社会，大小兴安岭及其东西两麓地区都是森林–草原景观，原始人类主要依靠渔猎维持生活。到新石器时期的早期和中期，原始畜牧业开始萌芽，公元5~6世纪时，经历了漫长的狩猎时代，渔猎生产向原始畜牧业和原始农业生产过渡，一部分先民离开森林迁至辽阔无林的草原地带，多种善于奔跑的有蹄类动物和穴洞生活的啮齿动物栖居草原，为人类从事家畜驯养和游牧生产提供了符合自然规律的资源与环境。到13世纪，草原畜牧业达到了相当繁荣的程度。气候严酷、灾害频繁是草原游牧经济天然的缺陷，明清期间，尤其是满人入关以后，清初大规模的军事行动，使粮食需求问题凸显，促进了东北地区草原垦殖和农业发展，由清初单一的畜牧业经济向农牧并存格局过渡，经过了一个半世纪的缓慢发展和积累，特别是经过清末大规模放垦之后，东北地区形成以西部草原畜牧业、东部农耕业生产交替发展的经济格局。

新中国成立后，随着东北地区能源、制造等工业发展，农牧林业也迅速发展，东北成为我国最重要的粮食生产基地和畜牧养殖业基地，目前东北地区粮食总产量占全国粮食总产量的20%，牛奶产量占全国总规模的25%以上，肉牛养殖规模占全国养殖规模的18%。但是，资源的超强度开发致使丰富的资源逐渐枯竭，森林采伐过度，自然植被大量垦殖，草原面积逐年减少，沙化、盐渍化、退化严重，一些优良的野生植物资源几近枯竭。东北地区草原由于优越的水分条件，又受到俄罗斯生产方式的影响，利用方式比干旱草原更加多元，既有放牧、打草，又有开垦，利用强度远高于干旱草原区，退化过程和机制也更加复杂。但是由于该区域草原高生产力、高多样性的表观特征，在现有草原退化评估标准下，实际退化程度往往被低估。20 世纪以来，我国陆续启动实施了退牧还草、退耕还林还草、草原生态保护补助奖励政策等一系列重大草原生态工程和政策，但是由于对东北地区草原生态价值、生态退化程度的认识不足，早期的国家重大生态工程对于东北地区草原退化及修复关注不够，东北地区草原生态建设得到的重视和投入远远少于西部干旱区和青藏高原。由于自然条件好，东北草原具有很高生态服务价值和生产资源价值，具有很大的生态修复的潜力和生产力提高空间。基于对东北地区气候、水文、草原植被、生态系统的变化评估，提出如下建议：

一、加强草原法治建设，确保基本草原生态功能

我国草原大部分位于国家主体功能区划的限制开发区，但东北地区由于水分条件优越、历来粮食生产发达，除呼伦贝尔草原和科尔沁草原属于防风固沙生态功能区，其他草原均位于农产品提供功能区，长期以来对草原保护和粮食生产之间的关系没有很好地平衡，东北平原草原几乎开垦殆尽。《中华人民共和国草原法》颁布、修订和实施后，国务院印发了《关于加强草原保护与建设的若干意见》，明确提出禁止草原开垦、保护草原植被。党的十九大明确指出，像对待生命一样对待生态环境，统筹山水林田湖草系统治理，实行最严格的生态环境保护制度。将草纳入山水林田湖同一个生命共同体，这是对草原生态地位的重要肯定，对推进草原生态文明建设具有里程碑式的重要意义。但是在东北地区滥垦草原的现象依然时有发生。经过长达几个世纪的农耕利用，东北地区宜垦草原大多已经开垦利用，目前新垦草原多位于土壤或气候条件恶劣的地区，开垦后极易侵蚀沙化或盐渍化，并且丧失 50%以上的土壤有机碳。因此，建议在现有基础上，进一步强化基本草原保护制度建设(草原红线)，亟需尽快地确定东北草原资源需要进行抢救性保护和积极性保护的生态功能区具体位置，通过制度约束破坏基本草场的行为，杜绝开垦草原行为出现；落实强制性措施如草原监察制度，改善草原保护、建设、维护和管理的基础条件和能力。

二、加大草原生态修复力度，推进山水林田湖草沙综合治理

东北地区 36 万平方千米草原存在不同程度退化，但由于优越的水土资源，具有很大的恢复潜力。在继续实施退牧还草、风沙源治理等重大工程的同时，从新时代草原生态建设的全局出发，针对不同原因造成的退化分类施策、开展草原生态精准修复：①针对超载过牧的退化草原，强化草畜平衡管理措施，加大生态奖补力度，用养结合、促进草原恢复；②针对天然打草场实施草原生产力提升工程，采取围栏封闭退化草原、补播、切根、打孔、施肥等技术措施，有效提高草原综合生产能力，平衡草畜供求关系，促进草原生态畜牧业良性发展；③针对沙地开展禁牧及封育、发展生物质能源新产业，草原生态功能区沙地区域禁止放牧，实施防风固沙工程，恢复草原植被，特别要探索沙产业发展技术与模式；④针对退耕地实施草田轮作及人工草原建设工程，对河流周边、生态保护敏感区的耕地实施退耕还草，采用适于地区生境条件的种植与管理技术，建设优质高产牧草生产基地，使天然草原压力得到有效缓解，草原退化沙化趋势得到有效控制；⑤全面推进林草融合、农牧结合，促进生命共同体休养生息。将森林生态治理的经验应用于草原管理，积极推进林草全方位的深度融合、农林牧产业综合发展，实现生态和产业的全面发展，谱写生态文明建设的新篇章。

三、建立东北草原生态产业建设示范区

东北草原对东北亚整体生态安全和水文格局的影响巨大，同时由于水资源条件优越、生态修复潜力巨大，具有生态文明和生产资源的双重价值，建议设立东北草原生态产业建设示范区，是探索生态草业绿色发展新模式、促进生态文明建设和区域社会协同发展的重要举措。目前我国已经开展过很多草原生态修复治理工作，但生态恢复效果稳定性差，形成退化—治理—再退化—再治理的往复循环，其根本原因在于没有解决好生态修复后的替代产业问题。建议针对东北草原生态修复及后修复阶段草原可持续利用问题，选择重点区域开展生态修复产业化示范，集成草原生态修复与合理利用技术、饲草高效生产转化与绿色养殖技术、智慧型生态牧场管理技术等生态产业技术，探索生态修复技术与生态产业技术的组装配套

模式；以资源为基础、以市场导向、以保护为前提，推进生态观光、农场休闲、健康旅游、体育旅游、产业旅游等产业发展路径，同时发掘野生资源利用等多项工作，丰富旅游特色商品，完善生态旅游产业链。改变现有生态工程以事后补救为主动应对和避免退化。同时，通过政策引导社会资本参与，将资金和技术有效结合，探索生态工程项目治理成果的延续机制，变输血为造血，避免草原退化—治理—再退化—再治理的循环往复，拉动我国现代草牧业发展、促进草原生态经济系统整体完善。

四、强化绿色发展理念，加强草原生态价值科学评估

树立草原生态建设保护与绿色经济相融合的科学理念，建立绿色经济为核心内容的社会发展指数。一是在地方立法和政策制定过程中充分考虑生态承载力，要体现保护优先的原则；二是建立以绿色经济为核心内容的社会发展指数；三是要建立综合考虑体现绿色经济指标的干部政绩考核体系。同时，结合现代信息技术手段，构建东北生态系统综合变化评估体系，提高生态评估的质量。目前的科学研究大多只关注生态系统变化的状态、过程和驱动因素，在生态系统变化对社会的影响以及人类社会对生态系统变化的应对等方面不够重视，而且很多研究基于单学科的知识系统，缺乏多学科交叉和综合研究。所以需要在政府层面、科研层面，提出生态系统评估的整体框架、指标体系、评估程序。

参考文献

敖雪，翟晴飞，崔妍，等，2020. 不同升温情景下中国东北地区平均气候和极端气候事件变化预估[J]. 气象与环境学报(36)：40-51.

初征，郭建平，赵俊芳，2017. 东北地区未来气候变化对农业气候资源的影响(英文)[J]. Journal of Geographical Sciences (27)：1044-1058.

崔景轩，2019. 东北地区典型生态系统气候风险评估[D]. 沈阳：沈阳农业大学.

崔景轩，李秀芬，郑海峰，等，2019. 典型气候条件下东北地区生态系统水源涵养功能特征[J]. 生态学报(9)：3026-3038.

崔珍珍，马超，陈登魁，2021. 1982—2015 年科尔沁沙地植被时空变化及气候响应[J]. 干旱区研究(38)：536-544.

邓慧平，刘厚风，2000. 全球气候变化对松嫩草原水热生态因子的影响[J]. 生态学报(6)：958-963.

侯依玲，许瀚卿，王涛，等，2019. 未来东北地区农业气候资源的时空演变特征[J]. 气象科技(47)：154-162.

华倩，2015. "一带一路"与蒙古国"草原之路"的战略对接研究[J]. 国际展望(6)：51-65.

刘清春，千怀遂，2005. 国际地圈-生物圈计划研究进展和展望[J]. 气象科技(1)：91-95.

刘卓，刘昌明，2006. 东北地区水资源利用与生态和环境问题分析[J]. 自然资源学报(5)：700-708.

那佳，黄立华，张璐，等，2019. 我国东北草地生产力现状及可持续发展对策[J]. 中国草地学报，41(6)：152-164.

秦杨，刘洋，朱娜，等，2021. 东辽河重点河段氮磷污染特征分析[J]. 科技创新与应用(9)：93-96.

沈永平，王国亚，2013. IPCC 第一工作组第五次评估报告对全球气候变化认知的最新科学要点[J]. 冰川冻土(35)：1068-1076.

唐珍珍，2014. 基于粮食需求的东北三省水资源自给率地域分异研究[D]. 长春：东北师范大学.

田沐雨，郭静，武国慧，等，2020. 全球气候变化对草地土壤磷循环的影响研究
进展［J］. 土壤通报（51）：996-1002.

王识宇. 2019. 中国北方退化羊草草地恢复演替机制［D］. 长春：东北师范大学.

王正兴，刘闯，2003. 植被指数研究进展：从 AVHRR-NDVI 到 MODIS-EVI［J］.
生态学报（5）：979-987.

徐安凯，2009. 粮食安全与东北地区牧草用地的思考［C］. 合肥：2009 中国草原
发展论坛论文集.

严以新，高吉喜，吕世海，等，2014. 加强草原生态保护 提升草原生态服务功能
［J］. 中国发展（14）：7-11.

Bai Y，X Han，J Wu，et al.，2004. Ecosystem stability and compensatory effects in the
Inner Mongolia grassland［J］. Nature（431）：181-184.

Gao B C，1996. NDWI—A normalized difference water index for remote sensing of veg-
etation liquid water from space［J］. Remote Sensing of Environment（58）：
257-266.

Gitelson A A，A Vina，V Ciganda，et al.，2005. Remote estimation of canopy chloro-
phyll content in crops［J］. Geophysical Research Letters：32.

He J，K Yang，W Tang，et al.，2020. The first high-resolution meteorological forcing
dataset for land process studies over China［J］. Scientific data（7）：1-11.

Huete A，K Didan，T Miura，et al.，2002. Overview of the radiometric and biophysi-
cal performance of the MODIS vegetation indices［J］. Remote Sensing of Environment
（83）：195-213.

Huete A，H Liu，K Batchily，et al.，1997. A comparison of vegetation indices over a
global set of TM images for EOS-MODIS［J］. Remote Sensing of Environment（59）：
440-451.

Kun Y，H Jie，2018. China meteorological forcing dataset（1979—2018）. Natl. Ti-
bet. Plateau Data Cent.

Li L，J Chen，X Han，et al.，2020. Overview of Chinese Grassland Ecosystems［J］.
Grassland Ecosystems of China：23-47.

Pandey P C，V P Mandal，S Katiyar，et al.，2015. Geospatial approach to assess the
impact of nutrients on Rice equivalent yield using MODIS sensors'-based MOD13Q1
-NDVI Data［J］. IEEE Sensors Journal（15）：6108-6115.

Rouse J，R H Haas，J A Schell，et al.，1974. Monitoring vegetation systems in the
Great Plains with ERTS［J］. NASA special publication（351）：309.

Sen P K, 1968. Estimates of the regression coefficient based on Kendall's tau[J]. Journal of the American statistical association(63): 1379-1389.

Venail P K, Gross T H, Oakley A, 2015. Species richness, but not phylogenetic diversity, influences community biomass production and temporal stability in a re-examination of 16 grassland biodiversity studies[J]. Functional Ecology(29): 615-626.

Vermote E, J Roger, J Ray, 2015. MODIS surface reflectance user's guide. Collection 6. MODIS land surface reflectance science computing facility.

Wang C, J Chen, J Wu, et al., 2017. A snow-free vegetation index for improved monitoring of vegetation spring green-up date in deciduous ecosystems[J]. Remote Sensing of Environment(196): 1-12.

Yang K, J He, W Tang, et al., 2010. On downward shortwave and longwave radiations over high altitude regions: Observation and modeling in the Tibetan Plateau[J]. Agricultural and Forest Meteorology(150): 38-46.

Yang Y, Y Dou, S An, 2017. Environmental driving factors affecting plant biomass in natural grassland in the Loess Plateau, China[J]. Ecological indicators(82): 250-259.

附　录

草原生态系统国家定位观测研究站名录

序号	生态站名称	技术依托单位	建设单位
1	吉林大安草原生态系统定位观测研究站	吉林省林业勘察设计研究院	吉林省林业勘察设计研究院
2	宁夏农牧交错带温性草原生态系统定位观测研究站	宁夏大学农学院	盐池县草原实验站
3	云南香格里拉草原生态系统定位观测研究站	中国林业科学研究院资源昆虫研究所	中国林业科学研究院资源昆虫研究所
4	辽宁西北部草原生态系统定位观测研究站	中国科学院沈阳应用生态研究所	北票市草原工作站
5	内蒙古锡林郭勒草原生态系统定位观测研究站	中国科学院植物研究所	中国科学院植物研究所
6	内蒙古鄂尔多斯草原生态系统定位观测研究站	中国科学院植物研究所	中国科学院植物研究所
7	青海高寒草原生态系统定位观测研究站	中国科学院西北高原生物研究所	中国科学院西北高原生物研究所
8	内蒙古呼伦贝尔草甸草原生态系统定位观测研究站	中国农业科学院农业资源与农业区划研究所	中国农业科学院农业资源与农业区划研究所
9	河北坝上农牧交错区草原生态系统定位观测研究站	中国农业大学	张家口市塞北管理区自然资源和规划局草原站
10	山西右玉黄土高原草原生态系统定位观测研究站	山西农业大学	山西农业大学